普通高等院校规划教材

食品生物化学实验

主　编　李玉奇　赵慧君　孙永林

西南交通大学出版社
·成　都·

图书在版编目（CIP）数据

食品生物化学实验 / 李玉奇，赵慧君，孙永林主编
. —成都：西南交通大学出版社，2018.9（2023.1 重印）
普通高等院校规划教材
ISBN 978-7-5643-6455-7

Ⅰ. ①食… Ⅱ. ①李… ②赵… ③孙… Ⅲ. ①食品化学－生物化学－化学实验－高等学校－教材 Ⅳ. ①TS201.2-33

中国版本图书馆 CIP 数据核字（2018）第 226441 号

普通高等院校规划教材
食品生物化学实验
主编　李玉奇　赵慧君　孙永林

责任编辑　牛　君
封面设计　何东琳设计工作室

出版发行　西南交通大学出版社
（四川省成都市二环路北一段 111 号
西南交通大学创新大厦 21 楼）
发行部电话　028-87600564　028-87600533
邮政编码　610031
网　　址　http://www.xnjdcbs.com
印　　刷　四川森林印务有限责任公司
成品尺寸　170 mm × 230 mm
印　　张　13.75
字　　数　246 千
版　　次　2018 年 9 月第 1 版
印　　次　2023 年 1 月第 2 次
书　　号　ISBN 978-7-5643-6455-7
定　　价　36.00 元

课件咨询电话：028-87600533
图书如有印装质量问题　本社负责退换

PREFACE

前　言

“食品生物化学”是食品专业的一门重要的专业基础课,它是一门实验性、实践性很强的课程。“食品生物化学实验”是食品类专业必修的基础实验课程。它不仅是食品生物化学课程教学的重要组成部分，而且在培养学生分析和解决问题的能力、严谨的科学态度和独立工作能力方面，有着不可替代的作用。食品生物化学实验课程不仅能培养学生基本操作、动手实践、独立设计实验和理论联系实际等能力，而且能使学生加深对糖类、脂类、蛋白质、核酸及酶类等相关理论知识的理解，同时，对后续专业课的学习和科研能力的培养产生重要的影响。

随着教学改革和对食品类专业学生动手能力的重视，大多数高校在食品专业培养方案中把“食品生物化学实验”设立为一门独立的课程，以扭转部分教师和学生对实验教学不够重视，偏颇认为食品生物化学实验只是食品生物化学理论课的附属部分、实验课教学处于从属地位的现状。目前，全国高校中开设食品类专业的有 200 多所，专业理论教学的教材选择比较集中，但实践性教材由于地域特点和实验教学平台建设有很大差别，很难有一本符合大多数高校要求的教材。

本教材共分 4 章,共计 57 个实验。第一章介绍了食品生物化学实验须知，根据在实验教学过程中存在的问题，着重对实验室规则、实验记录、实验报告的书写、实验要求及食品生物化学实验课评分标准进行了说明，目的是对学生上课、实验基本操作、实验记录及实验报告书写等进行规范。第二章介绍了生物分子测定实验，详细介绍了食品原料（包括植物源类、动物源类及微生物源类等）生理生化的各种具体实验过程，内容包括糖类、脂类、氨基酸及蛋白质（酶）类、核酸类、酶类、维生素类等的生化测定。第三章介绍了物质代谢与生物氧化实验。第四章是综合实验，着重培养学生的综合分析能力和创新能力。

本教材由湖北文理学院李玉奇负责全书的统稿及校对工作，并编写实验须知及实验 6 ~ 12、22 ~ 57；湖北文理学院赵慧君编写实验 1 ~ 5；湖北文理学院孙永林编写实验 13 ~ 21。在本书编写及出版过程中，湖北文理学院李欢欢参与部分文字整理工作，并得到湖北文理学院教务处的支持和帮助。西南交通大学出版社为本书的出版提供了极好的建议，付出了很大的努力。在此谨向他们表示真诚的感谢。

本教材通俗易懂，可操作性强，可作为高等院校、专科院校、职业技术学校相关专业学生、教师的实验教材和参考书，也可作为从事相关领域科学研究人员和企业技术人员的学习参考资料。

编者在本书编写过程中力求严谨和正确，但是限于学识水平与能力，书中难免存在错误和欠妥之处，恳请读者不吝批评指正，以使本书日趋完善。

编　者

2018 年 9 月

CONTENTS

目　录

第一章

食品生物化学实验须知

一、实验室规则

（1）实验课应提前 10 min 到实验室，在签到本上签到。不旷课，不迟到，不早退，应自觉遵守课堂纪律。

（2）使用仪器、药品、试剂和各种物品应按正确的操作规程进行，注意节约。应特别注意保持药品和试剂的纯净，严防混杂污染。

（3）实验台、试剂药品架应保持整洁，仪器、药品摆放整齐。实验完毕，未使用完的药品、试剂放归原处，并排列整齐，仪器洗净倒置放好，实验台面抹拭干净，经教师验收仪器后，方可离开实验室。

（4）使用和洗涤仪器时，应小心谨慎，防止损坏仪器。使用精密仪器时，应严格遵守操作规程，发现故障应立即报告教师，不要自己动手检修。

（5）在实验过程中要听从教师的指导，严肃认真地按操作规程进行实验，并简要、准确地将实验结果和数据记录在实验记录本上。课后写出实验报告，由课代表收齐交给教师。

（6）仪器损坏时，应如实向教师报告，认真填写损坏仪器登记表。

（7）每次实验课安排同学轮流值日，值日生要负责当天实验室的卫生和安全检查。

二、实验记录

（1）实验前，每位同学应备好一本食品生物化学实验记录本，认真对实验内容进行预习，并将实验名称、实验目的、实验原理、实验内容和步骤等简明扼要写在记录本上。

（2）实验中使用的药品及试剂名称、纯度、配制浓度，以及使用的仪器名称、型号、厂家等都要记录清楚。实验过程中观察到的现象、测定数据与计算结果，应及时直接记在记录本上，绝对不可以随意记在单片纸上。原始记录必须准确、简练、清楚。以便在食品生物化学实验报告中进行分析讨论时作为必要的参考依据。

（3）每次实验都应做好实验过程和实验各种数据的记录；要求字迹清楚，切不可潦草；不要随意撕页和涂改；要用钢笔或圆珠笔做记录，若文字或数据有误，应在其上画两横线，并把正确的填上。

（4）实验测定的数据，如质量、体积、各种仪器读数等，都应准确记录，并根据仪器的精确度准确记录有效数字。

（5）每一个实验结果至少要重复观测两次以上，当符合实验要求并确知仪器工作正常后，再写在记录本上。因为实验记录上的每一个数字，反映每一次的测量结果，所以重复观测时即使数据完全相同也应如实记录下来。

（5）如果发现记录的结果有怀疑、遗漏、丢失等问题，都应重做实验。如果将不可靠的结果当作正确的记录，在实验工作中可能造成难以估计的损失。因此，在实验过程中要一丝不苟，培养严谨的实验态度和务实的工作作风。

三、实验报告的书写

实验结束后，应及时整理、分析和总结实验结果，写出实验报告。实验报告是本次实验的总结，通过实验报告的书写，对实验过程中得出的一些实验现象、数据和结果进行分析总结，可以进一步加深对所做实验的全面理解，同时也学习分析与处理各种实验数据的方法，培养研究分析的能力。

（1）标题

标题应包括实验名称、实验时间、实验室名称、实验组号、实验者及同组者姓名、实验室条件。

（2）实验目的

明确实验要学习、掌握的主要内容。

（3）实验原理

简要叙述实验的基本原理和方法，不要完全照抄实验指导书。

（4）材料与试剂

写明实验所用的实验材料名称或来源（所取部位）；列出主要的实验试剂名称、浓度或配制方法。

（5）实验仪器

写明实验所需主要器材、仪器。

（6）实验内容

写出实际的实验操作过程，食品生物化学实验的关键环节一定要写清楚，不要完全照搬实验指导书上的内容。操作步骤（或方法）可以采用流程图的方式或自行设计的表格来表达，表述需准确无误，以便让自己或他人能够重复验证。

（7）实验结果

将实验中观察到的现象、测定的数据进行整理、计算、分析，得出相应的结论。建议尽量使用图表法来表示实验结果，这样可以使实验结果清楚明了。

（8）讨论

在食品生物化学实验中出现问题或结果中产生异常现象和数据时，需从实验原理、过程、操作方法、仪器、试剂，以及数据处理正确与否等方面进行全面分析讨论，并提出合理判断和见解；可以列出实验操作过程中应注意的事项；也可以对整个食品生物化学实验设计提出改进意见，包括对思考题的探讨等；最后可总结本次实验的收获和不足等。

四、实验要求

（1）食品生物化学实验课前要充分预习，明确本次实验目的、原理、器材和试剂、操作步骤及注意事项等。每大组实验人数 20 ~ 30 人，2 人一小组。

（2）实验试剂的配制，现场由教师指导，学生操作完成。学生在试剂配制过程中，掌握试剂配制的基本步骤、基本方法和注意事项。实验过程中应认真按实验步骤和教师的提示操作，不要盲目地随意动手。

（3）实验室所有设备都应按照说明书使用，器皿要小心使用，按规范要求操作，如量筒、量杯、容量瓶、移液器、pH 计、电子天平、分光光度计、离心机、电泳仪、PCR 仪等。

（4）每次实验完毕小组成员务必将本实验台及地面收拾整洁，器皿摆放整齐有序。

（5）以实事求是、严谨的科学态度如实记录实验结果、现象和数据，认真分析，得出客观的结论。

（6）及时写好食品生物化学实验报告并按时上交。

五、食品生物化学实验课评分标准

实验预习情况（10%）

实验操作情况（30%）

实验报告情况（20%）

实验考试成绩（40%）

第二章

生物分子测定实验

第一节　糖类实验

实验 1　糖的颜色反应

【实验目的】

（1）了解糖类某些颜色反应的原理。

（2）学习应用糖的颜色反应鉴别糖类的方法。

一、α-萘酚反应（Molisch 反应）

【实验原理】

糖在浓无机酸（硫酸、盐酸）作用下，脱水生成糠醛及糠醛衍生物，后者能与 α-萘酚反应生成紫红色物质（化学方程式及糠醛、糠醛衍生物的结构如下）。因为糠醛及糠醛衍生物对此反应均呈阳性，故此反应不是糖类的特异反应。

糖 $\xrightarrow{浓H_2SO_4}$ HOH_2C—(呋喃环)—CHO $\xrightarrow[浓H_2SO_4]{2\ \alpha\text{-萘酚 (OH)}}$ HOH_2C—(呋喃环)—C(=萘醌, OH, O)(萘环, HO_3S, SO_3H, OH)

羟甲基糠醛　　　　　　　　紫红色复合物

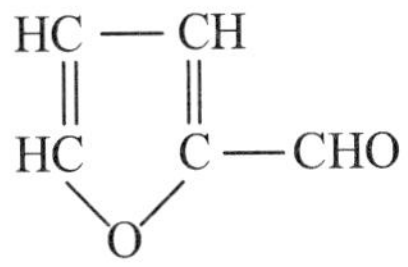

```
HC — CH                        HC — CH
‖      ‖                        ‖      ‖
HC     C — CHO       HOCH2 — C      C — CHO
  \   /                         \   /
   O                              O
```

糠醛（呋喃醛） 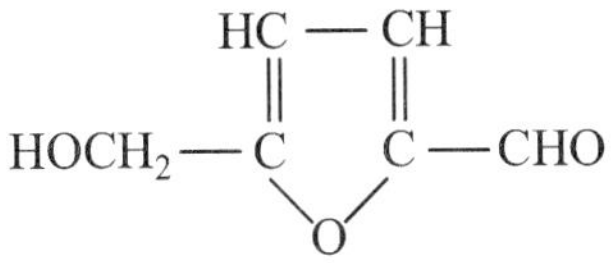　　　　糠醛衍生物

【实验试剂】

（1）莫氏（Molisch）试剂：

即 5% *α*-萘酚的酒精溶液。称取 *α*-萘酚 5 g，溶于 95%酒精中，并定容至 100 mL，贮于棕色瓶内。临用前配制。

（2）1%葡萄糖溶液：

称取 1 g 葡萄糖，溶于适量蒸馏水中，并稀释定容至 100 mL。

（3）1%果糖溶液：

称取 1 g 果糖，溶于适量蒸馏水中，并稀释定容至 100 mL。

（4）1%蔗糖溶液：

称取 1 g 蔗糖，溶于适量蒸馏水中，并稀释定容至 100 mL。

（5）1%淀粉溶液：

称取 1 g 淀粉，溶于适量蒸馏水中，并稀释定容至 100 mL。

（6）0.1%糠醛溶液：

称取 0.1 g 糠醛，溶于适量蒸馏水中，并稀释定容至 100 mL。

（7）浓硫酸。

【实验仪器】

电子天平、试管、试管架、滴管、容量瓶（100 mL）、烧杯、玻璃棒。

【实验内容】

取 5 支试管，分别加入 1%葡萄糖溶液、1%果糖溶液、1%蔗糖溶液、1%淀粉溶液、0.1%糠醛溶液各 1 mL。再向 5 支试管中各加入 2 滴莫氏试剂，充分混合。斜置试管，沿管壁慢慢加入浓硫酸约 1 mL，慢慢立起试管，切勿摇动。浓硫酸在试液下形成两层。在两液分界处有紫红色环出现。观察、记录各管颜色，并记录入表 2-1。

【实验结果】

根据观察到的现象进行解释。

表 2-1 糖类与 α-萘酚的颜色反应实验

试剂	现象	解释现象
1%葡萄糖溶液		
1%果糖溶液		
1%蔗糖溶液		
1%淀粉溶液		
0.1%糠醛溶液		

二、间苯二酚反应（Seliwanoff 反应）

【实验原理】

在酸作用下，酮糖脱水生成羟甲基糠醛，后者再与间苯二酚作用生成红色物质。此反应是酮糖的特异反应。醛糖在同样条件下显色反应缓慢，只有在糖浓度较高或煮沸时间较长时，才呈微弱的阳性反应。在实验条件下蔗糖有可能水解而呈阳性反应。

【实验试剂】

（1）塞氏（Seliwanoff）试剂：

即 0.05%间苯二酚-盐酸。称取间苯二酚 0.05 g 溶于 30 mL 浓盐酸中，再用蒸馏水稀释定容至 100 mL。

（2）1%葡萄糖溶液：

称取 1 g 葡萄糖，溶于适量蒸馏水中，并稀释定容至 100 mL。

（3）1%果糖溶液：

称取 1 g 果糖，溶于适量蒸馏水中，并稀释定容至 100 mL。

（4）1%蔗糖溶液：

称取 1 g 蔗糖，溶于适量蒸馏水中，并稀释定容至 100 mL。

【实验仪器】

电子天平、容量瓶（100 mL）、试管、试管架、滴管、水浴锅、烧瓶、玻璃棒。

【实验内容】

取 3 支试管，分别加入 1%葡萄糖溶液、1%果糖溶液、1%蔗糖溶液各 0.5 mL。再向各管中分别加入塞氏试剂 5 mL，混匀。将 3 支试管同时放入沸水浴中，注意观察、记录各管颜色的变化及变化时间，并记录入表 2-2。

【实验结果】

表 2-2　糖类与间苯二酚的颜色反应实验

试剂	颜色变化	变化时间	解释现象
1%葡萄糖溶液			
1%果糖溶液			
1%蔗糖溶液			

【思考题】

（1）可用何种颜色反应鉴别酮糖的存在？
（2）α-萘酚反应的原理是什么？

【注意事项】

（1）试管中加入各种糖后，做好标记，并按顺序放到水浴锅中。
（2）实验过程中，要仔细观察溶液的颜色变化情况。

实验 2 糖的还原性鉴定

【实验目的】

学习几种常用的鉴定糖类还原性的方法及其原理。

【实验原理】

许多糖类由于其分子中含有自由的或潜在的醛基或酮基，在碱性溶液中能将铜、铋、汞、铁、银等金属离子还原，同时糖类本身被氧化成糖酸及其他产物。糖类的这种性质常被用于检测糖的还原性及还原糖的定量测定。

本实验进行糖类的还原作用所用的试剂为费林试剂和本尼迪克特试剂。它们都是含 Cu^{2+}的碱性溶液，能使还原糖氧化而本身被还原成红色或黄色的 Cu_2O 沉淀。生成 Cu_2O 沉淀的颜色不同是由于在不同条件下产生的沉淀颗粒大小不同，颗粒小的呈黄色，大的则呈红色。如有保护性胶体存在，常生成黄色沉淀。

【实验试剂】

（1）费林（Fehling）试剂：

A 液（硫酸铜溶液）：称取 34.5 g 五水合硫酸铜（$CuSO_4 \cdot 5H_2O$），溶于 500 mL 蒸馏水中。

B 液（碱性酒石酸盐溶液）：称取 125 g 氢氧化钠和 137 g 酒石酸钾钠，溶于 500 mL 蒸馏水中。

为了避免变质，甲、乙两液分开保存。用前，将甲、乙两液等量混合即可。

（2）本尼迪克特（Benedict）试剂：

称取柠檬酸钠 173 g 及碳酸钠（$Na_2CO_3 \cdot H_2O$）100 g，加入 600 mL 蒸馏

水中，加热使其溶解，冷却，稀释至 850 mL。

另称取 17.3 g 硫酸铜，溶解于 100 mL 热蒸馏水中，冷却，稀释至 150 mL。

最后，将硫酸铜溶液缓慢地加入柠檬酸钠-碳酸钠溶液中，边加边搅拌，混匀，如有沉淀，过滤后贮于试剂瓶中，可长期使用。

（3）1%葡萄糖溶液：

称取 1 g 葡萄糖，溶于适量蒸馏水中，并稀释定容至 100 mL。

（4）1%果糖溶液：

称取 1 g 果糖，溶于适量蒸馏水中，并稀释定容至 100 mL。

（5）1%蔗糖溶液：

称取 1 g 蔗糖，溶于适量蒸馏水中，并稀释定容至 100 mL。

（6）1%麦芽糖溶液：

称取 1 g 麦芽糖，溶于适量蒸馏水中，并稀释定容至 100 mL。

（7）1%淀粉溶液：

称取 1 g 淀粉，溶于适量蒸馏水中，并稀释定容至 100 mL。

【实验仪器】

电子天平、试管、试管架、竹试管夹、水浴锅、电炉、烧杯、容量瓶（100 mL）、玻璃棒。

【实验内容】

先取 1 支试管，加入费林试剂约 1 mL，再加入 4 mL 蒸馏水，加热煮沸，如有沉淀生成，说明此试剂已不能使用。经检验，试剂合格后，再进行下述实验。

取 5 支试管，分别加入 2 mL 费林试剂，再向各试管分别加入 1%葡萄糖溶液、1%果糖溶液、1%蔗糖溶液、1%麦芽糖溶液、1%淀粉溶液各 1 mL。置沸水浴中加热数分钟，取出，冷却。观察各管溶液的变化。

另取 6 支试管，用本尼迪克特试剂重复上述实验。

比较两种方法的结果，并将观察到的现象记入表 2-3。

【实验结果】

试比较费林试剂与本尼迪克特试剂结果有何不同，试解释表 2-3 现象。

表 2-3　糖类与两种还原剂的鉴定反应

试剂	糖类				
	1%葡萄糖溶液	1%果糖溶液	1%蔗糖溶液	1%麦芽糖溶液	1%淀粉溶液
费林试剂					
本尼迪克特试剂					

【思考题】

（1）费林试剂、本尼迪克特试剂法检验糖的原理是什么？
（2）试比较费林试剂和本尼迪克特试剂法。

【注意事项】

费林试剂 A 液和 B 液应分别贮存，用时才混合；否则酒石酸钾钠配合物长期在碱性条件下会慢慢分解析出氧化亚铜沉淀，使试剂有效浓度降低。

实验3　总糖和还原糖的测定（3, 5-二硝基水杨酸比色法）

【实验目的】

（1）掌握还原糖和总糖测定的基本原理。

（2）学习比色法测定还原糖的操作方法和分光光度计的使用。

【实验原理】

还原糖的测定是糖定量测定的基本方法。还原糖是指含有自由醛基或酮基的糖类。单糖都是还原糖，双糖和多糖不一定是还原糖，如乳糖和麦芽糖是还原糖，蔗糖和淀粉是非还原糖。利用糖的溶解度不同，可将植物样品中的单糖、双糖和多糖分别提取出来，对没有还原性的双糖和多糖，可用酸水解法使其降解成有还原性的单糖进行测定，再分别求出样品中还原糖和总糖的含量（还原糖以葡萄糖含量计）。

还原糖在碱性条件下加热被氧化成糖酸及其他产物，3, 5-二硝基水杨酸则被还原为棕红色的3-氨基-5-硝基水杨酸。在一定范围内，还原糖的量与棕红色物质颜色的深浅成正比关系，利用分光光度计，在540 nm波长下测定光密度值，查对标准曲线并计算，便可求出样品中还原糖和总糖的含量。由于多糖水解为单糖时，每断裂一个糖苷键需加入一分子水，所以在计算多糖含量时应乘系数0.9。

【实验材料与试剂】

1. 实验材料

小麦面粉（1 000 g）

2. 试　剂

（1）1 mg/mL 葡萄糖标准液：

准确称取 80 °C 烘至恒重[①]的分析纯葡萄糖 100 mg，置于小烧杯中，加少量蒸馏水溶解后，转移到 100 mL 容量瓶中，用蒸馏水定容至刻度，混匀，4 °C 冰箱中保存备用。

（2）3, 5-二硝基水杨酸（DNS）试剂：

称取 3, 5-二硝基水杨酸 6.5 g，溶于少量热蒸馏水中，溶解后移入 1 000 mL 容量瓶中，加入 2 mol/L 氢氧化钠溶液 325 mL，再加入 45 g 丙三醇，摇匀，冷却后定容至刻度。

（3）碘-碘化钾溶液：

称取 5 g 碘和 10 g 碘化钾，溶于 100 mL 蒸馏水中。

（4）酚酞指示剂：

称取酚酞 0.1 g，溶于 250 mL 70%乙醇中。

（5）6 mol/L 盐酸：

量取 37%浓盐酸 59.19 mL，溶于适量蒸馏水中，然后转移至 100 mL 容量瓶中，用蒸馏水定容至刻度。

（6）6 mol/L 氢氧化钠溶液：

称取氢氧化钠 24 g，溶于适量蒸馏水中，然后转移至 100 mL 容量瓶中，用蒸馏水定容至刻度。

【实验仪器】

具塞玻璃刻度试管、滤纸、烧杯、三角瓶、容量瓶、刻度吸管、恒温水浴锅、煤气炉、漏斗、天平、分光光度计。

【实验内容】

1. 绘制葡萄糖标准曲线

取 7 支 20 mL 具塞刻度试管，按表 2-4 编号，分别加入浓度为 1 mg/mL 的葡萄糖标准液、蒸馏水和 3, 5-二硝基水杨酸（DNS）试剂，配成不同葡萄

注：① 实为质量，包括后文的重量、称重、体重等。现阶段我国农林、食品等行业的生产实践和科研中一直沿用，为使学生了解、熟悉行业实际，本书予以保留。——编者注

糖含量的反应液。

表 2-4　葡萄糖标准曲线绘制

管号	1 mg/mL 葡萄糖标准液体积/mL	蒸馏水体积/mL	DNS 体积/mL	葡萄糖含量/mg	光密度值/OD_{540}
0	0	2	1.5	0	
1	0.2	1.8	1.5	0.2	
2	0.4	1.6	1.5	0.4	
3	0.6	1.4	1.5	0.6	
4	0.8	1.2	1.5	0.8	
5	1.0	1.0	1.5	1.0	
6	1.2	0.8	1.5	1.2	

将各管摇匀，在沸水浴中准确加热 5 min，取出，用冷水迅速冷却至室温，用蒸馏水定容至 20 mL，加塞后颠倒混匀。调分光光度计波长至 540 nm，用 0 号管调零点，等后面 7～10 号管准备好后，测出 1～6 号管的光密度值。以光密度值为纵坐标、葡萄糖含量（mg）为横坐标，在坐标纸上绘出标准曲线（图 2-1）。

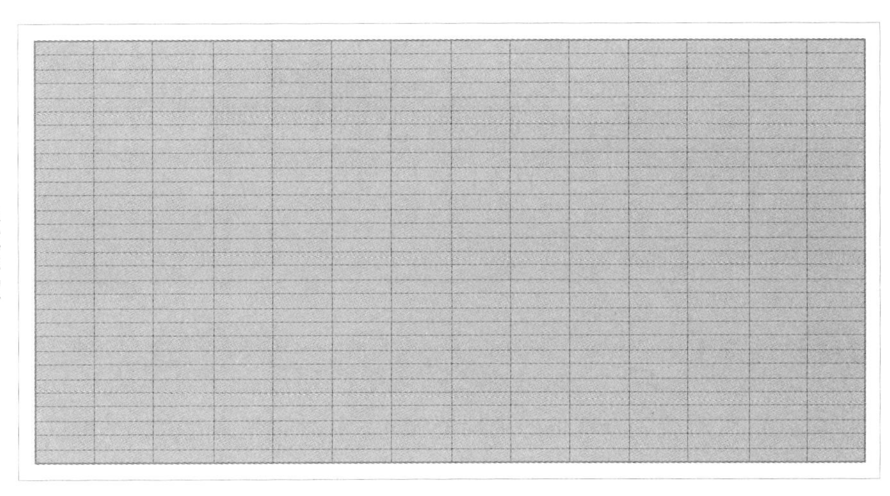

图 2-1　葡萄糖标准曲线的绘制

2. 样品中还原糖和总糖的测定

（1）还原糖的提取

准确称取食用面粉 3.00 g，放入 100 mL 烧杯中，先用少量蒸馏水调成糊状，然后加入 50 mL 蒸馏水，搅匀，置于 50 °C 恒温水浴中保温 20 min，不时搅拌，使还原糖浸出。过滤，将滤液全部收集在 100 mL 的容量瓶中，用蒸馏水定容至刻度，即为还原糖提取液。

（2）总糖的水解和提取

准确称取食用面粉 1.00 g，放入 100 mL 三角瓶中，加蒸馏水 15 mL 及 6 mol/L 盐酸 10 mL，置沸水浴中加热水解 30 min，取出 1～2 滴置于白瓷板上，加 1 滴碘-碘化钾溶液，检查水解是否完全。如已水解完全，则不呈现蓝色。水解完毕，冷却至室温，加入 1 滴酚酞指示剂，用 6 mol/L 氢氧化钠溶液中和至溶液呈微红色，并定容至 100 mL，过滤取滤液 10 mL 于 100 mL 容量瓶中，定容至刻度，混匀，即为稀释 1000 倍的总糖水解液，用于总糖测定。

（3）显色和比色

取 4 支 20 mL 具塞刻度试管，按表 2-5 编号，分别加入待测液和显色剂，将各管摇匀，在沸水浴中准确加热 5 min，取出，冷水迅速冷却至室温，用蒸馏水定容至 20 mL，加塞后颠倒混匀，在分光光度计上进行比色。调波长 540 nm，用 0 号管调零点，测出 7～10 号管的光密度值。

表 2-5 样品还原糖和总糖的测定

管号	还原糖待测液体积/mL	总糖待测液体积/mL	蒸馏水体积/mL	DNS体积/mL	光密度值（OD_{540}）	查曲线葡萄糖量/mg	平均值
7	0.5		1.5	1.5			
8	0.5		1.5	1.5			
9		1	1	1.5			
10		1	1	1.5			

【实验结果】

计算出 7、8 号管光密度值的平均值和 9、10 号管光密度值的平均值，在标准曲线上分别查出相应的葡萄糖质量（单位：mg），按下式计算出样品中还原糖和总糖的含量（以葡萄糖计）。

$$\text{还原糖（\%）}=\frac{\text{查曲线所得葡萄糖质量}\times\text{提取液总体积}}{\text{测定时取用体积}\times\text{样品质量}}\times 100$$

$$\text{总糖（\%）}=\frac{\text{查曲线所得水解后葡萄糖质量}\times\text{稀释倍数}}{\text{样品质量}}\times 0.9\times 100$$

【思考题】

（1）在提取样品中的总糖时，为什么要用浓盐酸处理？而在其测定前，又为何要用 NaOH 中和？

（2）标准葡萄糖浓度梯度和样品含糖量的测定为什么应该同步进行？比色时设 0 号管有什么意义？

（3）绘制标准曲线的目的是什么？

【注意事项】

（1）标准曲线绘制与样品测定应同时进行显色，并使用同一空白调零点和比色。

（2）面粉中还原糖含量较少，计算总糖时可将其合并入多糖一起考虑。

实验 4　总糖含量的测定（蒽酮比色法）

【实验目的】

（1）掌握蒽酮法测定可溶性糖含量的原理和方法。
（2）学习果蔬中可溶性糖的一种提取方法。

【实验原理】

糖类在较高温度下可被浓硫酸作用而脱水生成糠醛或羟甲基糖醛，与蒽酮（$C_{14}H_{10}O$）脱水缩合，形成糠醛的衍生物，呈蓝绿色。该物质在 620 nm 处有最大吸收，在 150 μg/mL 范围内，其颜色的深浅与可溶性糖含量成正比。

这一方法有很高的灵敏度，糖含量在 30 μg 左右就能进行测定，所以可用于微量测糖。一般样品少的情况下，采用这一方法比较合适。

【实验材料和试剂】

1. 实验材料

苹果、桃、梨等。

2. 试　剂

（1）葡萄糖标准液（100 μg/mL）。
（2）浓硫酸。
（3）蒽酮试剂：
准确称取蒽酮 0.2 g，溶于 100 mL 浓 H_2SO_4 中。当日配制使用。

【实验仪器】

电热恒温水浴锅、分光光度计、电子天平、容量瓶、刻度吸管等。

【实验内容】

1. 葡萄糖标准曲线的绘制

取 7 支大试管，按表 2-6 数据配制一系列不同浓度的葡萄糖溶液：

表 2-6　葡萄糖标准系列溶液的配制

管号	1	2	3	4	5	6	7
葡萄糖标准液体积/mL	0	0.1	0.2	0.3	0.4	0.6	0.8
蒸馏水体积/mL	1	0.9	0.8	0.7	0.6	0.4	0.2
葡萄糖含量/μg	0	10	20	30	40	60	80

向每支试管中依次加入蒽酮试剂 4.0 mL，沸水浴中准确加热 10 min 后取出，用自来水冷却至室温，在 620 nm 波长下以第一管为空白，迅速测定其余各管的吸光度（A_{620}）。以标准葡萄糖含量（μg）为横坐标、吸光度为纵坐标，绘制标准曲线。

2. 样品中可溶性糖的测定

将样品剪碎至 2 mm 以下，精确称取 1～5 g，置于 50 mL 三角瓶中，加沸水 25 mL，加盖，超声提取 10 min，冷却后过滤（抽滤），残渣用沸蒸馏水反复洗涤并过滤（抽滤），滤液收集在 50 mL 容量瓶中，定容至刻度，得提取液。

吸取提取液 2 mL，置于另一个 50 mL 容量瓶中，以蒸馏水稀释、定容至刻度，摇匀。

吸取 1 mL 已稀释的提取液于试管中，加入 4.0 mL 蒽酮试剂，平行三份；空白管以等量蒸馏水代替提取液。以下操作同标准曲线制作。根据 A_{620} 平均值，在标准曲线上查出葡萄糖的含量（μg）。

【实验结果】

样品中含糖量 P（%）通过下列公式计算：

$$P(\%)=\frac{C\times V_1\times D}{m\times V_2\times 10^6}\times 100$$

式中 C——在标准曲线上查出的糖含量，μg；

V_1——提取液总体积，mL；

V_2——测定时取用体积，mL；

D——稀释倍数；

m——样品质量，g；

10^6——样品质量单位由 g 换算成 μg 的倍数。

【思考题】

（1）可用水提取的糖类有哪些？

（2）制作标准曲线时应注意哪些问题？

【注意事项】

该法的特点是几乎可测定所有的碳水化合物，不但可测定戊糖与己糖，且可测所有寡糖类和多糖类，包括淀粉、纤维素等（因为反应液中的浓硫酸可把多糖水解成单糖），所以用蒽酮法测出的碳水化合物含量，实际上是溶液中全部可溶性碳水化合物总量。在没有必要细致划分各种碳水化合物的情况下，用蒽酮法可以一次测出总量，省去许多麻烦，因此，有特殊的应用价值。但在测定水溶性碳水化合物时，应注意切勿将样品的未溶解残渣加入反应液中，否则会因为细胞壁中的纤维素、半纤维素等与蒽酮试剂发生反应而导致测定误差。此外，不同的糖类与蒽酮试剂的显色深度不同，果糖显色最深，葡萄糖次之，半乳糖、甘露糖较浅，五碳糖显色更浅，故测定糖的混合物时，常因不同糖类的比例不同造成误差；测定单一糖类时则可避免此种误差。

实验5 葡萄糖含量的测定（苯酚-硫酸法）

【实验目的】

了解苯酚-硫酸法测定葡萄糖含量的方法。

【实验原理】

苯酚-硫酸法是利用多糖在硫酸的作用下先水解成单糖，并迅速脱水生成糖醛衍生物，然后与苯酚生成橙黄色化合物，再以比色法测定。

【实验材料与试剂】

1. 实验材料

标准葡聚糖。

2. 试　剂

（1）浓硫酸（分析纯）。

（2）80%苯酚：

准确称取苯酚（分析纯，重蒸馏试剂）80 g，加水 20 mL 使之溶解。可置冰箱中避光长期储存。

（3）6%苯酚：

临用前以 80%苯酚稀释配制。每次测定均需现配。

【实验仪器】

分析天平、容量瓶、移液管、分光光度计。

【实验内容】

1. 制作标准曲线

准确称取标准葡聚糖（或葡萄糖）20 mg，量于 500 mL 容量瓶中，加水至刻度，摇匀制得葡萄糖标准溶液。取 9 支试管，按表 2-7 编号，并按表 2-7 分别加入葡萄糖标准溶液、蒸馏水、6%苯酚和浓硫酸，摇匀，冷却，室温放置 20 min 以后，以 0 号管作为空白，于波长 490 nm 处测定吸光度。以葡萄糖质量为横坐标，吸光度值为纵坐标，绘制标准曲线。

表 2-7 苯酚-硫酸法测定葡萄糖含量

管号	0	1	2	3	4	5	6	7	8
葡萄糖标准液体积/mL	0	0.4	0.6	0.8	1.0	1.2	1.4	1.6	1.8
蒸馏水体积/mL	2	1.6	1.4	1.2	1.0	0.8	0.6	0.4	0.2
6%苯酚体积/mL	1.0	1.0	1.0	1.0	1.0	1.0	1.0	1.0	1.0
浓硫酸体积/mL	5.0	5.0	5.0	5.0	5.0	5.0	5.0	5.0	5.0
葡萄糖含量/μg	0	160	240	320	400	480	560	640	720

2. 测定未知样品中葡萄糖含量

配制一未知浓度的葡萄糖溶液进行测量。

【实验结果】

（1）标准曲线拟合方程。

（2）计算未知样品中葡萄糖含量。

【思考题】

（1）实验中对于使用的 752 分光光度计，我们为何进行 3 次调零？每次调零的意义是什么？

（2）在加入硫酸时为何准确计时？为何对于硫酸的滴加方式进行严格要求？

（3）对于显色有何要求？

（4）在运用 Excel 对数据进行处理，制作标准曲线时，应当怎样看待结果？其与传统的画图法有何区别？

（5）使用分光光度计法应该注意的要求是什么？

【注意事项】

（1）注意操作条件的一致性。

（2）注意控制时间的一致性。

（3）所需比色皿要进行校正。

（4）严格进行试剂添加（顺序、时间、方式、移液管的使用等）。

（5）由于实验中用到的苯酚、硫酸等是有毒、易腐蚀的物质，因此要注意实验安全，严格遵守实验规定。

（6）此法简单、快速、灵敏、重复性好，对每种糖仅制作一条标准曲线，颜色持久。

（7）制作标准线宜用相应的标准多糖，如用葡萄糖，应以校正系数 0.9 进行校正。

（8）对杂多糖，分析结果可根据各单糖的组成比及主要组分单糖的标准曲线的校正系数加以校正计算。

（9）测定时根据吸光度值确定取样的量。吸光度值最好在 0.1 ~ 0.3。比如，小于 0.1 可以考虑取样品时取 2 g，仍取 0.2 mL 样品液；如大于 0.3 可以减半取 0.1 mL 的样品液测定。

第二节　脂类实验

实验 6　脂肪的组成

【实验目的】

了解脂肪的组成及有关性质。

【实验原理】

所有的脂肪都能被酸、碱、蒸汽及脂肪酶水解，产生甘油和脂肪酸。若催化剂是碱，则得到甘油和脂肪酸的盐类，这种盐类称皂，脂肪的碱水解也称皂化反应。

皂用酸水解即得脂肪酸，脂肪酸不溶于水而溶于脂溶剂，呈酸性。甘油脱水成为丙烯醛，具有特殊臭味，可辨别。

【实验材料与试剂】

1. 实验材料

猪油。

2. 试　剂

（1）40%氢氧化钠溶液：

准确称取氢氧化钠 40 g，置于烧杯中，缓慢加入蒸馏水 100 mL，搅拌使其溶解。

（2）95%乙醇。

（3）浓盐酸。

（4）乙醚。

（5）苯。

（6）氯化钙。

（7）甘油。

【实验仪器】

烧瓶（250 mL）、量筒（10 mL，100 mL，250 mL）、烧杯（250 mL）、试管、冷凝管、水浴锅、电炉、蒸发皿、烘箱。

【实验内容】

1. 水　解

称取 2.5 g 脂肪于烧瓶中，加入 95%乙醇 250 mL 和 40%氢氧化钠溶液 5 mL，烧瓶口接冷凝管，置于沸水浴中回流 0.5 ~ 1 h。蒸去乙醇，至所剩溶液约为 5 mL 时，加入 75 mL 热水，溶解浓缩液。

2. 分离脂肪酸与甘油

向步骤 1 中溶解的浓缩液中加浓盐酸 5 mL，使其呈酸性（可用石蕊试纸检测）。加热，至能清楚见到脂肪酸呈油状浮于上层时，用分液漏斗将下层水溶液分开（分开的水溶液保留备用）。使用热水 100 mL 洗涤脂肪酸，重复 3 次，以除去混杂于脂肪酸中的无机盐、甘油及剩余的盐酸等。移入试管中，静置澄清，上清液即为脂肪酸。

3. 脂肪酸溶解度试验

将脂肪酸用滴管析出，注入另一试管中，置于烘箱内，90 ~ 95 °C 干燥。试验脂肪酸在水、乙醚和苯中的溶解度。

4. 甘油的提取

将分离脂肪酸时所保留的水层放置于蒸发皿内，于蒸汽浴上蒸干，加入 95%乙醇 5 ~ 10 mL，再次蒸干，残留物大部分为氯化钠及少量甘油，使用 95%乙醇 35 mL，分 3 次提取并略加热，提取完全，合并 3 次所得提取液，放置于蒸发皿中，置于水浴上蒸发至浆状。

5. 甘油的丙烯醛试验

取上述步骤 4 中的浆状物少许，放入试管内，加入少量氯化钙或硫酸氢钾，小心加热，会释放出特殊臭味，与厨房过度煎熬脂肪的气味相似。同时取数滴纯甘油，按照相同的方法处理，比较结果。

实验 7　卵磷脂的提取、纯化与鉴定

【实验目的】

（1）掌握卵磷脂的提取方法与原理。
（2）掌握卵磷脂鉴定的方法与原理。
（3）加深了解磷脂类物质的结构和性质。

【实验原理】

卵磷脂是生物体组织细胞的重要组成成分，主要存在于大豆等植物组织以及动物的肝、脑、脾、心、卵等组织中，尤其在蛋黄中含量较高（10%左右）。卵磷脂和脑磷脂均溶于乙醚而不溶于丙酮，利用此性质可将其与中性脂肪分离开；卵磷脂能溶于乙醇而脑磷脂不溶，利用此性质又可将卵磷脂和脑磷脂分离。

新提取的卵磷脂为白色，与空气接触后，其所含不饱和脂肪酸会被氧化而使卵磷脂呈黄褐色。卵磷脂被碱水解后可分解为脂肪酸盐、甘油、胆碱和磷酸盐。甘油与硫酸氢钾共热，可生成具有特殊臭味的丙烯醛；磷酸盐在酸性条件下与钼酸铵作用，生成黄色的磷钼酸沉淀；胆碱在碱的进一步作用下生成无色且具有氨和鱼腥气味的三甲胺。这样通过对分解产物的检验可以对卵磷脂进行鉴定。

【实验材料与试剂】

1. 实验材料

鲜鸡蛋。

2. 试　剂

（1）95%乙醇。

（2）乙醚。

（3）丙酮。

（4）氯化锌。

（5）无水乙醇。

（6）滤纸。

（7）10%氢氧化钠溶液：

称取 10 g 氢氧化钠，溶于适量蒸馏水中，并定容至 100 mL。

（8）3%溴的四氯化碳溶液：

先称 95 g 四氯化碳，然后再称 5 g 溴，将溴加入称好的四氯化碳中，搅拌即可。

（9）红色石蕊试纸。

（10）硫酸氢钾。

（11）钼酸铵试剂：

称取 6 g 钼酸铵，溶于 15 mL 蒸馏水中，加入 5 mL 浓氨水。另外将 24 mL 浓硝酸溶于 46 mL 的蒸馏水中，两者混合静置一天后再用。

【实验仪器】

蛋清分离器、恒温水浴锅、蒸发皿、漏斗、铁架台、磁力搅拌器、天平、量筒（25 mL、100 mL）、干燥试管、玻璃棒、烧杯。

【实验内容】

1. 卵磷脂的提取

方法一：称取蛋黄 10 g，放入洁净的带塞三角瓶中，加入 95%乙醇 40 mL，搅拌 15 min 后，静置 15 min；然后加入乙醚 10 mL，搅拌 15 min 后，静置 15 min；过滤；滤渣进行二次提取，加入乙醇与乙醚（体积比为 3∶1）的混合液 30 mL，搅拌、静置一定时间；第二次过滤，合并两次滤液，加热浓缩至少量，加入一定量丙酮除杂，卵磷脂沉淀出来，即得到卵磷脂粗品。

方法二：称取 10 g 蛋黄于小烧杯中，加入温热的 95%乙醇 30 mL，边加边搅拌均匀，冷却后过滤。如滤液仍然混浊，可再次过滤至滤液透明。将滤液置于蒸发皿内，于水浴锅中蒸干（或用加热套蒸干，温度可设为 140 °C 左右），所得干物即为卵磷脂。

2. 卵磷脂的纯化

取一定量的卵磷脂粗品，用无水乙醇溶解，得到约 10%的乙醇粗提液，加入相当于卵磷脂质量 10%的氯化锌水溶液，室温搅拌 0.5 h；分离沉淀物，加入适量冰丙酮（4 °C）洗涤，搅拌 1 h，再用丙酮反复研洗，直到丙酮洗液为近无色为止，得到白色蜡状的精卵磷脂。干燥，称重。

3. 卵磷脂的溶解性试验

取干燥试管，加入少许卵磷脂，再加入 5 mL 乙醚，用玻璃棒搅动使卵磷脂溶解，逐滴加入丙酮 3 ~ 5 mL，观察实验现象。

4. 卵磷脂的鉴定

（1）三甲胺的检验

取干燥试管一支，加入少量提取的卵磷脂以及 10%氢氧化钠溶液 2 ~ 5 mL，放入水浴中加热 15 min，在管口放一片红色石蕊试纸，观察颜色有无变化，并嗅其气味。将加热过的溶液过滤，滤液供下面检验。

（2）不饱和性检验

取干净试管一支，加入 10 滴上述滤液，再加入 3%溴的四氯化碳溶液 1 ~ 2 滴，振摇试管，观察有何现象产生。

（3）磷酸的检验

取干净试管一支，加入 10 滴上述滤液和 95%乙醇 5 ~ 10 滴，然后再加入钼酸铵试剂 5 ~ 10 滴，观察现象；最后将试管放入热水浴中加热 5 ~ 10 min，观察有何变化。

（4）甘油的检验

取干净试管一支，加入少许卵磷脂和硫酸氢钾 0.2 g，用试管夹夹住并先在小火上略微加热，使卵磷脂和硫酸氢钾混熔，然后再集中加热，待有水蒸气放出时，嗅有何气味产生。

【思考题】

（1）卵磷脂的用途有哪些？

（2）在卵磷脂的提取方法二中，加入热的 95%乙醇的作用有哪些？

【注意事项】

本实验中的乙醚、丙酮及乙醇均为易燃药品，氯化锌具有腐蚀性。

实验 8　粗脂肪的测定（索氏提取法）

【实验目的】

（1）学习食品中粗脂肪测定的意义和原理。
（2）掌握索氏提取法测定脂肪的基本操作。

【实验原理】

本法为重量法。将经前处理的样品浸于无水乙醚或石油醚（沸程为 30 ~ 60 °C）中，借助索氏提取器进行循环回流抽提，使样品中的粗脂肪溶于溶剂中，蒸去溶剂后所得到的残留物即为粗脂肪。粗脂肪提取出后进行称量，该法适用于固体和液体样品。

本法提取的脂肪性物质为脂肪类物质的混合物，除含有脂肪外还含有磷脂、色素、树脂、固醇、芳香油等其他醚溶性物质，故称为粗脂肪。在大多数食品中，这些其他醚溶性物质含量极少，可以忽略。

【实验材料与试剂】

1. 实验材料

谷物、豆类等。

2. 试　剂

（1）乙醚。
（2）海砂。

【实验仪器】

索氏提取器（图 2-2）、恒温水浴锅、烘箱、脱脂棉、脱脂滤纸、玻璃棒、棉线、烧瓶（150 mL）。

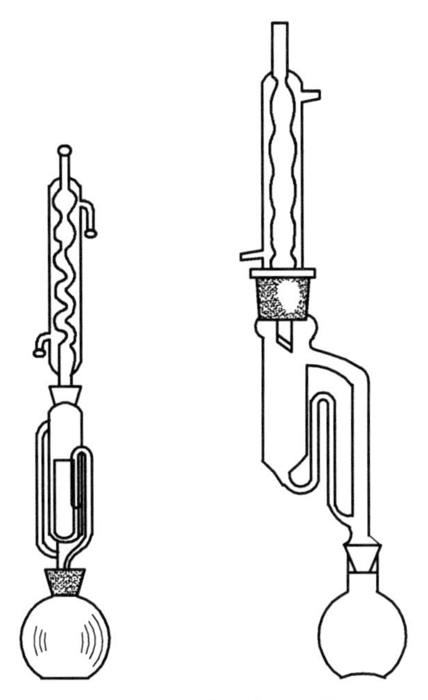

图 2-2　索氏提取器

【实验内容】

1. 制备滤纸筒

取 8 cm ×15 cm 的滤纸，以直径约 2 cm 的试管为模型，将滤纸以试管壁为基础，折叠成底端封口的滤纸筒，筒内底部放一小片脱脂棉。在 105 °C 烘箱中烘干至恒重，置于干燥器中备用。

2. 准备样品

精确称取充分研碎的干燥样品 2.00 ~ 5.00 g，在 105 °C 烘箱中烘干，置于已称重的滤纸筒内（半固体或液体样品取 5.0 ~ 10.0 g 于蒸发皿中，加入海砂 20 g，于水浴上蒸干，在 100 ~ 150 °C 烘干，研细，全部移入滤纸筒内），蒸发皿及附有样品的玻璃棒用蘸有少量乙醚的脱脂棉擦净，脱脂棉也放进滤纸筒内，称量用硫酸纸上的残余试样，一并无损地置入滤纸筒内。压住试样，将滤纸筒上端折叠封严后小心放入索氏提取器的提取筒内，使滤纸筒高度低于虹吸管上端弯曲部位。

3. 抽　提

（1）连接装置

将接收脂肪的烧瓶洗净，并在 105 °C 烘箱内烘干至恒重，冷却。向烧瓶中加入石油醚，加入量为烧瓶容积的 1/2 ~ 2/3（约 80 mL），然后连接提取器各部分，注意不能漏气。上部套入冷凝管中，将连接好的装置降至水浴锅加热。活塞呈竖直位。注意加热提取时，应在电热恒温水浴中进行，也可以使用灯泡或电炉加热的水浴锅，严禁用火焰或电炉直接加热索氏提取器。

（2）抽提

先开冷凝水，再开脂肪测定仪的电源开关，防止空烧损坏电加热器。调好温度及时间。提取时间视样品的性质而定，一般需 6 ~ 12 h。

加热时接收瓶中石油醚蒸发，经冷却后滴入抽提管中。样品浸于石油醚中，粗脂肪被抽提，当液面超过虹吸管最高点后，溶有脂肪的石油醚经虹吸管流入接收瓶，如此循环抽提。注意水浴温度不可过高，以醚液每小时循环 6 ~ 12 次为宜。样品中脂肪是否抽提完全，可以用滤纸来粗略判断：从提取管内吸取少量的石油醚并滴在干净的滤纸上，待醚干后，滤纸上不留有半点油脂表明已经提取完全。

（3）回收醚

抽提结束后，旋转活塞至水平位，再关闭电源开关，仪器自动进行石油醚回收。待接收瓶中石油醚回收至剩 2 mL 左右，取下接收瓶停止回收。此时关闭冷凝水。

（4）称重

将接收瓶中的石油醚在水浴上完全蒸干，洗净外壁，再于 100 ~ 105 °C 烘箱中干燥 2 h，取出放入干燥器中冷却 30 min，称重，并重复操作至恒重。注意烘干前一定要驱除全部残余的石油醚，以防放入烘箱内发生爆炸。

【实验结果】

通过下式可计算出粗脂肪含量。

$$\text{粗脂肪含量}=\frac{m_2-m_1}{m}\times 100\%$$

式中　m_1——接收瓶的质量，g；

m_2——接收瓶和脂肪的质量，g；

m——样品的质量（如为测定水分后的样品，以测定水分前的质量计），g。

【思考题】

（1）简述索氏抽提器的提取原理。

（2）本实验装置磨口处为什么不能涂抹凡士林或真空脂？

（3）做好本实验应注意哪些事项？

【注意事项】

（1）实验过程中，严禁使用打火机等明火。

（2）样品应干燥后研细，装样品的滤纸筒一定要紧密，不能往外漏样品，否则重做。

（3）放入滤纸筒的高度不能超过回流弯管，否则石油醚不易穿透样品，脂肪不能全部提出，造成误差。

（4）碰到含多量糖及糊精的样品，要先以冷水处理，等其干燥后连同滤纸一起放入提取器内。

（5）提取时水浴温度不能过高，一般是使醚刚开始沸腾即可（45 °C 左右）。回流速度以 6 ~ 12 次/h 为宜。

（6）若采用乙醚必须是无水乙醚，如含有水分则可能将样品中的糖以及无机物抽出，造成误差。

（7）冷凝管上端最好连接一个氯化钙干燥管，这样不仅可以防止空气中水分进入，而且还可以避免醚挥发在空气中，这样可防止实验室微小环境空气的污染。如无此装置，塞一团干脱脂棉球亦可。

（8）将提取瓶放在烘箱内干燥时，瓶口向一侧倾斜 45 °C 放置，使挥发物乙醚易与空气形成对流，这样干燥迅速。

（9）样品及醚提出物在烘箱内烘干时间不要过长，因为一些很不饱和的脂肪酸容易在加热过程中被氧化成不溶于乙醚的物质；中等不饱和脂肪酸，受热容易被氧化而增加重量。在没有真空干燥箱的条件下，可以在 100 ~ 105 °C 干燥 1.5 ~ 3 h。

实验 9　碘价的测定

【实验目的】

掌握油脂碘价的测定原理和方法。

【实验原理】

在适当的条件下，不饱和脂肪酸的不饱和键能与碘、溴或氯发生加成反应。脂肪分子中如含有不饱和脂酰基，即能吸收碘。100 g 脂肪所能吸收的碘的质量（单位：g）称为碘价。碘价的高低表示脂肪不饱和度的大小。

由于碘与脂肪的加成反应很慢，故加入适量溴，使产生 IBr，再与脂肪作用。将一定量（过量）的 Hanus 试剂与脂肪作用后，测定 IBr 剩余量，即可求得脂肪碘价。反应如下：

$I_2 + Br_2 \longrightarrow 2IBr$（Hanus 试剂）

$IBr + -CH-CH- \longrightarrow -CHI-CHBr-$

$KI + CH_3COOH \longrightarrow HI + CH_3COOK$

$HI + IBr \longrightarrow HBr + I_2$

$I_2 + 2Na_2S_2O_3 \longrightarrow 2NaI + Na_2S_4O_6$（滴定）

【实验材料与试剂】

1. 实验材料

大豆油。

2. 试　剂

（1）Hanus 试剂：

取 13.2 g 碘，置于 1500 mL 锥形瓶中，徐徐加入 1000 mL 冰醋酸（分析纯，不含还原物质），边加边摇，同时略加温热，使碘溶解。冷却后，加溴约 3 mL。此溶液储于棕色瓶中。

（2）碘化钾溶液（15%）:

称取 150 g 碘化钾溶于水中，并稀释至 1000 mL。

（3）硫代硫酸钠标准溶液（0.1 mol/L）:

称取五水合硫代硫酸钠 25 g，溶于经煮沸后冷却的蒸馏水中，稀释至 1000 mL，此溶液中可加入少量（约 50 mg）碳酸钠，数日后标定。

标定方法：精密称取在 120 °C 干燥至恒重的基准重铬酸钾 2 份，每份 0.15 ~ 0.20 g，分别置于两个 500 mL 碘瓶中，各加水约 30 mL 使溶解，加入固体碘化钾 2.0 g 及 6 mol/L 盐酸 10 mL，混匀，塞好，置暗处 3 min，然后加入水 200 mL 稀释，用硫代硫酸钠滴定，当溶液由棕变黄后，加淀粉液 3 mL，继续滴定至呈淡绿色为止，计算硫代硫酸钠溶液的准确浓度。滴定反应的化学方程式如下：

$$K_2Cr_2O_7 + 6I^- + 14H^+ \longrightarrow 2K^+ + 2Cr^{3+} + 3I_2 + 7H_2O$$

$$I_2 + 2S_2O_3^{2-} \longrightarrow 2I^- + S_4O_6^{2-}$$

（4）淀粉液（1%）:

称取 1 g 可溶性淀粉，溶于 100 mL 水中。

（5）四氯化碳。

【实验仪器】

碘量瓶（250 mL）、滴定管（50 mL）、容量瓶（1 000 mL）、量筒（50 mL，100 mL）分液漏斗、洗气瓶、烧杯、玻璃棒、分析天平。

【实验内容】

（1）准确称取 0.2 g 豆油，注入干洁的碘量瓶中。

（2）往碘量瓶中加入四氯化碳 20 mL 溶解油样后，加入 Hanus 试剂 25 mL，立即加塞（塞和瓶口均涂以碘化钾溶液，以防碘挥发），摇匀后，将碘量瓶放于黑暗处。

（3）30 min 后（碘值在 130 以上时需放置 60 min），立即加入 15% 碘化钾溶液 20 mL 和水 100 mL，不断摇动，用 0.1 mol/L 硫代硫酸钠滴定至溶液呈浅黄色时，加入 1%淀粉指示剂 1 mL，继续滴定，直至蓝色消失。

（4）相同条件下，不加油样做两个空白试验，取其平均值用于计算。

【实验结果】

按下列公式计算油脂碘价（g I/100 g 油）：

$$碘价=\frac{(V_1-V_2)\times c\times 0.1296}{m}\times 100$$

式中 V_1——油样用去硫代硫酸钠溶液体积，mL；

V_2——空白试验用去硫代硫酸钠溶液体积，mL；

c——硫代硫酸钠溶液的浓度，mol/L；

m——油样质量，g；

0.1269——1/2 碘的毫摩尔质量，g/mmol。

【思考题】

（1）简述 Hanus 法测定碘价的原理。

（2）在碘价测定实验中，用 $Na_2S_2O_3$ 滴定析出的 I_2 时，何时加入淀粉指示剂？为什么？

【注意事项】

（1）用力振荡是本滴定成败的关键之一，否则容易滴定过头或不足。如果振荡不够，四氯化碳层呈现紫色或红色，此时要继续用力振荡，使碘全部进入水层。

（2）滴定完毕放置一些时间后，滴定液应返回蓝色，否则就表示滴定过量。

实验 10　皂化值的测定

【实验目的】

掌握脂肪皂化值测定的原理和方法。

【实验原理】

皂化值是皂化 1 g 油脂中的可皂化物所需氢氧化钾的质量，单位为 mg/g。可皂化物一般含游离脂肪酸及脂肪酸甘油酯等。皂化值的大小与油脂中所含甘油酯的化学成分有关，一般油脂的相对分子质量和皂化值的关系是：甘油酯相对分子质量越小，皂化值越大。另外，若游离脂肪酸含量增大，皂化值随之增大。

测定皂化值是利用酸碱中和法，将油脂在加热条件下与一定量过量的氢氧化钾乙醇溶液进行皂化反应。剩余的氢氧化钾以酸标准溶液进行反滴定。并同时做空白试验，求得皂化油脂耗用的氢氧化钾量。其反应式如下：

$(RCOO)_3C_3H_5 + 3KOH \longrightarrow 3RCOOK + C_3H_5(OH)_3$

$RCOOH + KOH \longrightarrow RCOOK + H_2O$

$KOH + HCl \longrightarrow KCl + H_2O$

【实验材料与试剂】

1. 实验材料

大豆油。

2. 试　剂

（1）氢氧化钾乙醇标准溶液：

c(KOH) = 0.5 mol/L 的乙醇溶液。称取氢氧化钾 12 g，溶于 400 mL 95% 乙醇中，静置后，用虹吸法吸出清液，以除去不溶的碳酸盐，并避免空气中的二氧化碳进入溶液而形成碳酸盐。

（2）盐酸标准溶液：

c(HCl) = 0.5mol/L。取浓盐酸（12 mol/L）10.4 mL，加水稀释到 250 mL，此溶液约 0.5 mol/L，需要标定。

（3）酚酞指示剂：

ρ(酚酞) = 1 %的乙醇溶液。

【实验仪器】

恒温水浴锅、电子天平、锥形瓶、回流冷凝管、酸性滴定管、移液管、量筒。

【实验内容】

称取已除去水分和机械杂质的油脂样品 3 ~ 5 g（如为工业脂肪酸，则称 2 g，称准至 0.001 g），置于 250 mL 锥形瓶中，准确放入 50 mL 氢氧化钾乙醇标准溶液，接上回流冷凝管，置于沸水浴中加热回流 0.5 h 以上，使其充分皂化。停止加热，稍冷，加酚酞指示剂 5 ~ 10 滴，然后用盐酸标准溶液滴定至红色消失为止。同时吸取 50 mL 氢氧化钾乙醇标准溶液，按同法做空白试验。

【实验结果】

样品的皂化值 S_{v}（mg KOH/g）按下式计算。

$$S_{\mathrm{v}} = \frac{(V_0 - V_2) \times c \times 56.11}{m}$$

式中 c——盐酸标准溶液的实际浓度，mol/L；

V_0——空白试验消耗盐酸标准溶液的体积，mL；

V_1——试样消耗盐酸标准溶液的体积，mL；

m——样品质量，g；

56.11——氢氧化钾的摩尔质量，g/mol。

【思考题】

为什么要测定油脂的皂化值？

【注意事项】

（1）如果溶液颜色较深，终点观察不明显，可以改用 $\rho = 10$ g/L 的百里酚酞做指示剂。

（2）皂化时要防止乙醇从冷凝管口挥发，同时要注意滴定液的体积，酸标准溶液用量大于 15 mL，要适当补加中性乙醇，加入量参照酸值测定。

（3）两次平行测定结果允许误差不大于 0.5。

实验 11　油脂酸价的测定

【实验目的】

熟悉酸价测定的原理，掌握酸价测定的方法。

【实验原理】

油脂暴露于空气中一段时间后，在脂肪水解酶或微生物繁殖所产生的酶作用下，部分甘油酯会分解产生游离的脂肪酸，使油脂变质酸败。通过测定油脂中游离脂肪酸含量反映油脂新鲜程度。游离脂肪酸的含量可以用中和 1 g 油脂所需的氢氧化钾质量（单位：mg），即酸价来表示。酸价可作为油脂变质程度的指标，通过测定酸价的高低来检验油脂的质量。酸价越小，说明油脂质量越好，新鲜度和精炼程度越好。

典型的方法是，将一份已知样品溶于有机溶剂，用浓度已知的氢氧化钾溶液滴定，并以酚酞溶液作为颜色指示剂。

油脂中的游离脂肪酸与 KOH 发生中和反应，依据 KOH 标准溶液消耗量可计算出游离脂肪酸的量，反应式如下：

$$RCOOH + KOH \longrightarrow RCOOK + H_2O$$

【实验材料与试剂】

1. 实验材料

植物油。

2. 试　剂

（1）氢氧化钾标准溶液（0.1 mol/L）：

称取 5.61 g 干燥至恒重的分析纯氢氧化钾，溶于 100 mL 蒸馏水中。此操作在通风橱中进行。

（2）中性乙醚-乙醇（2∶1）混合溶剂：

乙醚和无水乙醇按体积比 2∶1 混合，加入酚酞指示剂数滴，用 0.3%氢氧化钾溶液中和至呈微红色。

（3）酚酞指示剂（1%）：

称取 1 g 酚酞，溶于 100 mL 95%乙醇中。

【实验仪器】

碱式滴定管（25 mL）、锥形瓶（150 mL）、量筒（50 mL）、称量瓶、电子天平。

【实验内容】

称取均匀样品 3 ~ 5 g 于锥形瓶中，加入中性乙醚-乙醇混合溶液 50 mL，摇动使试样溶解，再加 2 ~ 3 滴酚酞指示剂，用 0.1 mol/L KOH 溶液滴定至出现微红色，且微红色 30 s 内不消失，记下消耗的碱液体积（V）。

【实验结果】

油脂酸价 X（mg KOH/g 油）按下式计算：

$$X = \frac{V \times c \times 56.11}{m}$$

式中　V——滴定消耗的氢氧化钾溶液体积，mL；

c——氢氧化钾溶液的浓度，mol/L；

m——试样质量，g；

56.11——氢氧化钾的摩尔质量，g/mol。

两次试验结果允许差不超过 0.2 mg KOH/g 油。求其平均值，即为测定结果，测定结果取小数点后第一位。

【思考题】

使食品酸价升高的因素有哪些？如何预防？

【注意事项】

氢氧化钾遇水和水蒸气大量放热，形成腐蚀性溶液，具有强腐蚀性。操作人员在称取药品时需佩戴防护口罩、手套，配制时需在通风橱内进行。

【知识扩展】

表 2-8　我国食用油分级管理的酸价卫生标准

品名	酸价（mg KOH/g）
菜籽原油、大豆原油、花生原油、葵花籽原油、棉籽原油、米糠原油、油茶籽原油、玉米原油	≤4.0
成品菜籽油、成品大豆油、成品玉米油和浸出成品油茶籽油	
一级	≤0.2
二级	≤0.3
三级	≤1.0
四级	≤3.0
成品葵花籽油、成品米糠油和浸出成品花生油	
一级	≤0.2
二级	≤0.3
三级	≤1.0
四级	≤3.0
压榨成品花生油和压榨成品油茶籽油	
一级	≤1.0
二级	≤2.5
成品棉籽油	
一级	≤0.2
二级	≤0.3
三级	≤1.0
麻油	≤4

续表

品　名	酸价（mg KOH/g）
色拉油	≤0.3
食用煎炸油	≤5
食用猪油	≤1.5
人造奶油	≤1
国际食品法典委员会规定的标准	
食用植物油	≤0.6
棕榈油	≤0.6

实验 12　油脂过氧化值的测定

【实验目的】

（1）掌握测定油脂过氧化值的原理和方法。

（2）了解测定油脂过氧化值的意义。

【实验原理】

过氧化值是油脂和脂肪酸等被氧化程度的一个指标，即 1 kg 样品中的活性氧的含量，以过氧化物的物质的量（单位：mmol）表示。过氧化值可用于衡量油脂酸败程度，一般来说过氧化值越高其酸败越严重。长期食用过氧化值超标的食物对人体的健康极为不利，过氧化物可以破坏细胞膜结构，导致脱发、体重减轻、心肌梗死、动脉硬化、胃癌和肝癌等。长期食用过高过氧化值的食物会很大程度诱发心血管病、肿瘤等慢性疾病。

食品中含有的油脂在空气中易氧化成过氧化物，碘化钾在酸性条件下能与油脂中的过氧化物反应而析出碘。析出的碘用标准硫代硫酸钠溶液滴定，根据硫代硫酸钠的用量计算油脂的过氧化值。反应原理用方程式表示如下：

$$CH_3COOH + KI \longrightarrow CH_3COOK + HI$$

$$ROOH\text{（过氧化物）} + 2HI \longrightarrow H_2O + I_2 + ROH$$

$$I_2 + 2Na_2S_2O_3 \longrightarrow Na_2S_4O_6 + 2NaI$$

【实验材料与试剂】

1. 实验材料

动物油或植物油。

2. 试　剂

（1）氯仿-冰乙酸混合液：

取氯仿 40 mL，加冰乙酸 60 mL，混匀。

（2）饱和碘化钾溶液：

称取碘化钾 10 g，加水 5 mL，储于棕色瓶中。

（3）硫代硫酸钠标准溶液（0.01 mol/L）：

称取五水合硫代硫酸钠（$Na_2S_2O_3 \cdot 5H_2O$）26 g（或无水硫代硫酸钠 16 g），溶于 1000 mL 水中，并加热煮沸 10 min，冷却。用移液管吸取上述硫代硫酸钠溶液 10 mL，注入 100 mL 容量瓶中，加水稀释至刻度。

（4）淀粉指示剂（0.5%）：

称取可溶性淀粉 0.5 g，加入少许水调成糊状，加入 100 mL 沸水，调匀煮沸。现配现用。

【实验仪器】

碘量瓶（250 mL）、微量滴定管（5 mL）、量筒（10 mL，50 mL）、移液管（10 mL，50 mL）、容量瓶（100 mL，1000 mL）、滴瓶、烧瓶。

【实验内容】

（1）称取混合均匀的油样 2～3 g 于碘量瓶中。

（2）加入氯仿-冰乙酸混合液 30 mL，充分混合。

（3）加入饱和碘化钾溶液 1 mL，加塞后摇匀，在暗处放置 3 min。

（4）加入蒸馏水 50 mL，充分混合后立即用 0.01 mol/L 硫代硫酸钠标准溶液滴定至浅黄色时，加淀粉指示剂 1 mL，继续滴定至蓝色消失为止。

（5）同时做不加油样的空白试验。

【实验结果】

油样的过氧化值按下式计算：

$$\text{过氧化值}(I_2\,\%) = \frac{(V_1 - V_2) \times c \times 0.1269}{m} \times 100$$

式中　V_1——油样用去的硫代硫酸钠溶液体积，mL；

V_2——空白试验用去的硫代硫酸钠溶液体积，mL；
c——硫代硫酸钠溶液的浓度，mol/L；
m——油样质量，g；
0.1269——1 mg 硫代硫酸钠相当于碘的质量，g/mol。

【思考题】

过氧化油脂有哪些危害?

【注意事项】

（1）加入碘化钾后，静置时间长短以及加水量多少，对测定结果均有影响。
（2）过氧化值过低时，可改用 0.005 mol/L 硫代硫酸钠标准溶液进行滴定。

第三节　氨基酸及蛋白质类实验

实验 13　氨基酸纸层析法

【实验目的】

（1）了解并掌握氨基酸纸层析法的原理和方法。
（2）学习纸层析法的操作技术，分析未知样品氨基酸的成分。

【实验原理】

用滤纸为支持物进行层析的方法，称为纸层析法，它是分配层析法的一种。纸层析所用的展层溶剂大多是由水饱和的有机溶剂组成。滤纸纤维的—OH 的亲水性基团，可吸附有机溶剂中的水作为固定相，有机溶剂作为流动相，它沿滤纸自下向上移动，称为上行层析；反之，使有机溶剂自上而下移动，称为下行层析。将样品点在滤纸上进行展层，样品中的各种氨基酸即在两相中不断进行分配，由于它们各自的分配系数不同，故在流动相中移动速率不等，从而使不同的氨基酸得到分离和提纯。纸层析法主要是依据混合组分对两相分配系数的差异进行分离，但亦存在某种程度的吸附作用和离子交换现象。氨基酸经层析在滤纸上形成距原点不等的层析点，氨基酸在滤纸上的移动速率用 R_f 表示（图 2-3）。

只要实验条件（如温度、展层溶剂的组分、pH、滤纸的质量等）不变，R_f 值是常数，因此可做定性分析参考。如果溶质中氨基酸组分较多或其中某些组分的 R_f 值相同或近似，用单向层析不宜将它们分开，为此可进行双向层析，在第一溶剂展开后将滤纸转动 90°，以第一次展层所得的层析点为原点，再用另一种溶剂展层，即可达到分离目的。由于氨基酸无色，可利用茚三酮反应使氨基酸层析点显色，从而定性和定量。

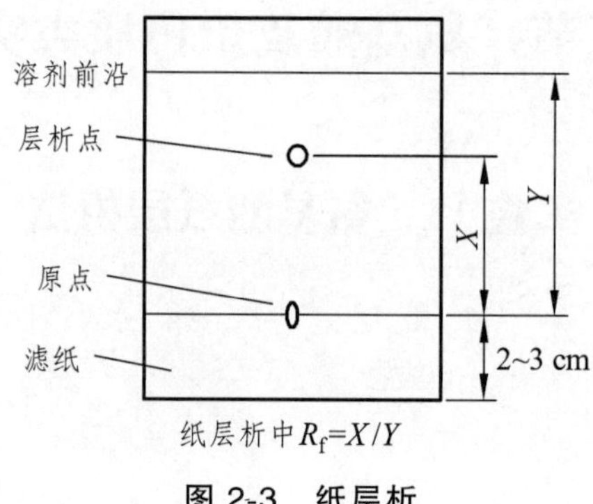

图 2-3 纸层析

【实验试剂】

（1）混合氨基酸溶液（水解后的氨基酸干粉）：

甘氨酸溶液：50 mg 甘氨酸溶于 5 mL 水中。

蛋氨酸溶液：25 mg 蛋氨酸溶于 5 mL 水中。

亮氨酸溶液：25 mg 亮氨酸溶于 5 mL 水中。

氨基酸混合液：甘氨酸 50 mg、亮氨酸 25 mg、蛋氨酸 25 mg，共溶于 5 mL 水中。

（2）展层溶剂：

① 碱相溶剂

V(正丁醇)∶V(12%氨水)∶V(95%乙醇) = 13∶13∶13。

② 酸相溶剂

V(正丁醇)∶V(80%甲酸)∶V(水) = 15∶3∶2。摇匀后放置半天以上，取上清液备用。

（3）显色贮备液：

V(0.4 mol/L 茚三酮-异丙醇)∶V(甲酸)∶V(水) = 20∶1∶5。

（4）硫酸铜-乙醇溶液：

V(0.1%硫酸铜)∶V(75%乙醇) = 2∶38。临用前按比例混合。

【实验仪器】

层析滤纸、烧杯、剪刀、层析缸、培养皿、猴头喷雾器、微量加样器或毛细管、吹风机、直尺、铅笔等。

【实验内容】

1. 标准氨基酸单向上行层析法

（1）画基线

戴上指套或橡皮手套，在长约 20 cm、宽约 17 cm 滤纸上，距短边 2.5 cm 处，用铅笔画一条线，即为基线。

（2）点样

在原线上，从距纸的长边 4 cm 处开始，每隔 3 cm 用微量注射器或毛细管依次分别点上甘氨酸、蛋氨酸、亮氨酸和混合氨基酸溶液。点样点干后可重复点加 1 ~ 2 次。每一点的直径不超过 2 mm，点样量以每种氨基酸含 5 ~ 20 μg 为宜。

（3）展层

将点好样的滤纸卷成筒形，滤纸两边不相接触，用线固定好，将原线的下端浸入盛有溶剂的培养皿中，不需平衡可立即展层。展层剂为酸性溶剂系统，在展层溶剂中加入显色贮备液（每 10 mL 展层剂加 0.1 ~ 0.5 mL 显色贮备液）进行展层，基线必须保持在液面之上，以免氨基酸与溶剂直接接触。盖好层析缸，当溶剂前沿距纸端 2 cm 时（大约 3 h），取出滤纸。

（4）显色

滤纸取出后，吹干或在 80 °C 左右烘箱内烘 3 ~ 5 min，即出现紫红色的氨基酸层析斑点。用铅笔划下层析斑点，可进行定性、定量测定。

2. 混合氨基酸双向上行纸层析法

（1）滤纸准备

将滤纸裁成约 28 cm^2 的正方形，在距滤纸相邻两边各 2 cm 处的交点上，用铅笔划下一点，作为原点。

（2）点样

取混合氨基酸溶液（5 mg/mL）10 ~ 15 μL，分别点在原点上。

（3）展层与显色

将点好样的滤纸卷成半筒形，立在培养皿中，原点应在下端。取少量 12% 的氨水，置于小烧杯中，盖好层析缸，平衡过夜。次日，取出氨水，加适量碱相溶剂（第一向）于培养皿中，盖好层析缸，上行展层，当溶剂前沿距滤纸上端 1 ~ 2 cm 时，取出滤纸，冷风吹干。将滤纸转 90°，再卷成半筒形，竖立在干净培养皿中，并于小烧杯中至少量酸相溶剂，盖好层析缸，平衡过夜，次日将加显色剂的酸性溶剂（每 10 mL 展层剂加 0.1 ~ 0.5 mL 显色贮备液）倾入培养皿中，进行第二向展层。展层完毕，取出滤纸，用热风吹干，蓝紫色斑点即显现。

【实验结果】

单向层析的 R_f 值，按“R_f = 原点到层析斑点中心的距离/原点到溶剂前沿的距离”计量后，计算双向层析 R_f 值，由两个数值组成，在第一向计量一次，第二向计量一次，分别与已知的氨基酸在酸碱系统的 R_f 值对比，即可初步决定它为何种氨基酸的斑点，将它剪下，在同一张纸剪下一块大小相同的空白纸作为对照，用硫酸铜乙醇溶液洗脱，用分光光度计测定其吸光度，在标准曲线上查出氨基酸的含量。

【思考题】

（1）氨基酸纸层析法的测定原理是什么？

（2）纸层析法进行氨基酸的分离鉴定有哪些注意事项。

【注意事项】

（1）实验全程戴一次性薄膜手套，全套实验在铺在实验台上的薄膜上进行。原因：人的皮肤上含有含氮化合物，而实验台上可能未洗干净残留其他氨基酸，会沾染到滤纸上，对实验产生影响；保鲜膜可以与钟罩边缘进行更紧密的结合，使平衡效果更好。

（2）用毛细吸管进行点样时，为保证点样半径足够小，应使毛细管内的液体高度低于 1 cm，迅速地点在滤纸上。若管内液体过高，可以先将毛细管中的液体点一部分于干净的卫生纸上，降低管内液体高度。

（3）在通过移液管添加展层剂时，液体应缓慢放出，避免溅射到滤纸上，移液管拿出时也应该注意不要碰触滤纸。

（4）展层开始时不要使样品浸入展层剂中。

（5）吹风机吹干时切记用冷风吹干，以免温度过高使氨基酸变性。

实验 14　离子交换柱层析法分离氨基酸

【实验目的】

（1）学习采用离子交换柱层析法分离氨基酸的原理和方法。
（2）掌握离子交换柱层析法的基本操作技术。

【实验原理】

离子交换层析法主要是根据物质的解离性质的差异，选用不同的离子交换剂进行分离的方法。各种氨基酸分子的结构不同，在同一 pH 时与离子交换树脂的亲和力有差异，因此可依据亲和力从小到大的顺序被洗脱液洗脱下来，达到分离的效果。

【实验试剂】

（1）苯乙烯磺酸钠型树脂：
强酸 1 × 8，100 ~ 200 目
（2）2 mol/L 盐酸：
量取 37%浓盐酸 166.67 mL，加水，搅拌，定容至 1 000 mL。
（3）2 mol/L 氢氧化钠溶液：
称取固体氢氧化钠 80 g 溶于适量水中，搅拌，定容至 1 000 mL。
（4）标准氨基酸溶液：
以 0.1 mol/L 的盐酸为溶剂，天冬氨酸、赖氨酸和组氨酸均配制成 2 mg/mL。
（5）混合氨基酸溶液：
将 3 种标准氨基酸溶液按 1∶2.5∶10 的比例混合。

（6）柠檬酸-氢氧化钠-盐酸缓冲液（pH 5.8，钠离子浓度 0.45 mol/L）：

取柠檬酸 14.25 g、氢氧化钠 9.30 g，量取浓盐酸 5.25 mL，溶于少量水后，定容至 500 mL，冰箱保存。

（7）显色剂：

2 g 水合茚三酮溶于 75 mL 乙二醇单甲醚中，加水至 100 mL。

【实验仪器】

20 cm × 1 cm 层析管、恒压洗脱瓶、部分收集器、分光光度计。

【实验内容】

1. 树脂的处理

将干的强酸型树脂用蒸馏水浸泡过夜，使之充分溶胀。用 4 倍体积的 2 mol/L 的盐酸浸泡 1 h，倾去清液，洗至中性。再用 2 mol/L 的氢氧化钠处理，做法同上。最后用欲使用的缓冲液浸泡。

2. 装　柱

取直径 1 cm，长度 10 ~ 12 cm 的层析柱。将柱垂直置于铁架上。自顶部注入上述经处理的树脂悬浮液，关闭层析柱出口，待树脂沉降后，放出过量溶液，再加入一些树脂，至树脂沉降至 8 ~ 10 cm 的高度即可。

3. 氨基酸的洗脱

用 pH 5.8 的柠檬酸缓冲液冲洗平衡交换柱。调节流速为 0.5 mL/min，流出液达到床体积的 4 倍时即可上样。由柱上端仔细加入氨基酸的混合液 0.25 ~ 0.5 mL，同时开始收集流出液。当样品液弯月面靠近树脂顶端时，即刻加入 0.5 mL 柠檬酸缓冲液冲洗加样品处。待缓冲液弯月面靠近树脂顶端时，再加入 0.5 mL 缓冲液。如此重复两次，然后用滴管小心注入柠檬酸缓冲液（切勿搅动床面），并将柱与洗脱瓶和部分收集器相连。开始用试管收集洗脱液，每管收集 1 mL，共收集 60 ~ 80 管。

4. 氨基酸的鉴定

向各管收集液中加 1 mL 水合茚三酮显色剂并混匀，在沸水浴中准确加热 15 min 后冷却至室温，再加入 1.5 mL50%乙醇溶液。放置 10 min。

【实验结果】

以收集液第 2 管为空白，测定 570 nm 波长处的光吸收值。以光吸收值为纵坐标，以洗脱液体积为横坐标绘制洗脱曲线。以已知 3 种氨基酸的纯溶液样品，按上述方法和条件分别操作，将得到的洗脱液曲线与混合氨基酸的洗脱曲线对照，可确定 3 个峰的大致位置及各峰为何种氨基酸。

【思考题】

（1）离子交换树脂分离氨基酸的基本原理是什么?

（2）离子交换柱层析法的基本操作应注意哪些事项?

【注意事项】

（1）试管太多，进行水浴时建议使用铝制试管架或 100 mL 烧杯水浴，使用橡皮筋绑试管时一捆不要太多，否则中间的管容易脱出摔裂。水浴锅内水面刚好没过试管架中层即可。水浴完成后用镊子和抹布把试管架拿出来。

（2）应避免用手直接接触茚三酮。

实验 15　蛋白质的颜色反应

【实验目的】

（1）了解蛋白质出现颜色反应的机理。
（2）学习几种鉴定蛋白质的方法。

【实验原理】

蛋白质分子中的某些基团与显色剂作用，可产生特定的颜色反应，不同蛋白质所含氨基酸不完全相同，颜色反应亦不同。颜色反应不是蛋白质的专一反应，一些非蛋白物质也可产生相同的颜色反应，因此不能仅根据颜色反应的结果决定被测物是否是蛋白质。颜色反应是一些常用的蛋白质定量测定的依据。

【实验材料与试剂】

1. 实验材料

（1）卵清蛋白液：
将鸡蛋白用蒸馏水稀释 20～40 倍，2～3 层纱布过滤，滤液冷藏备用。
（2）尿素。

2. 试　剂

（1）氢氧化钠溶液（10%）：
称取 10 g 氢氧化钠溶于适量蒸馏水中，然后定容至 100 mL。

（2）硫酸铜溶液（1%）：

称取 1.5625 g 五水合硫酸铜或 1 g 无水硫酸铜溶于适量蒸馏水中，然后定容至 100 mL。

（3）茚三酮溶液（0.1%）：

称取茚三酮 0.1 g 溶于 95%乙醇中，并稀释至 100 mL。

（4）浓硝酸：

比重 1.42。

【实验仪器】

试管、试管架、吸管、量筒、布氏漏斗。

【实验内容】

1. 双缩脲反应

（1）取少许结晶尿素放在干燥试管中，微火加热，尿素溶化并形成双缩脲，释出的氨可用红色石蕊试纸试之。至试管内有白色固体出现，停止加热，冷却。然后加 10%氢氧化钠溶液 1 mL，混匀，观察有无紫色出现。

（2）另取一试管，加蛋白质溶液 10 滴，再加 10%氢氧化钠溶液 10 滴及 1%硫酸铜溶液 4 滴，混匀，观察是否出现紫玫瑰色。

2. 蛋白质的黄色反应

在一试管内，加蛋白质溶液 10 滴及浓硝酸 3 ~ 4 滴，加热，冷却后再加 10%氢氧化钠溶液 5 滴，观察颜色反应。

3. 茚三酮反应

取蛋白质溶液 1 mL 置于试管中，加 2 滴茚三酮试剂，加热至沸，即有蓝紫色出现。

【思考题】

能否利用茚三酮反应可靠鉴定蛋白质的存在？为什么？

【注意事项】

（1）在双缩脲反应中，硫酸铜不能多加，否则将产生蓝色的 $Cu(OH)_2$。此外在碱溶液中氨或铵盐与铜盐作用生成深蓝色的配离子$[Cu(NH_3)_4]^{2+}$，妨碍观察此颜色反应。

（2）茚三酮反应，必须在 pH 5 ~ 7 中进行。

实验 16　蛋白质的沉淀反应及变性反应

【实验目的】

（1）了解蛋白质沉淀反应和变性作用的原理及相互关系。
（2）学习盐析和透析等生物化学的操作技术。

【实验原理】

在水溶液中，蛋白质分子的表面，由于形成水化层和双电层而成为稳定的胶体颗粒，所以蛋白质溶液和其他亲水胶体溶液相类似。但是，蛋白质胶体颗粒的稳定性是有条件的、相对的。在一定的物理化学因素影响下，蛋白质颗粒失去电荷，脱水，甚至变性，则以固态形式从溶液中析出，这个过程称为蛋白质的沉淀反应。这种反应可分为两种类型：可逆沉淀反应和不可逆沉淀反应。

可逆沉淀反应，又叫作不变性沉淀反应。它是在发生沉淀反应时，蛋白质虽已沉淀析出，但它的分子内部结构并未发生显著变化，基本上保持原有的性质，沉淀因素除去后，能再溶于原来的溶剂中。属于这一类反应的有盐析作用；在低温下，乙醇、丙酮对蛋白质的短时间作用以及利用等电点的沉淀等。不可逆沉淀反应是在发生沉淀反应时，蛋白质分子内部结构、空间构象遭到破坏，失去原来的天然性质，这时蛋白质已发生变性。这种变性蛋白质的沉淀不能再溶解于原来溶剂中。如重金属盐、植物碱试剂、过酸、过碱、加热、震荡、超声波，有机溶剂等都能使蛋白质发生不可逆沉淀反应。

【实验材料与试剂】

1. 实验材料

蛋白质溶液：取蛋清 20 mL，加蒸馏水 200 mL 和饱和氯化钠溶液 100 mL，充分搅匀后，以纱布滤去不溶物（加入氯化钠的目的是溶解球蛋白）。

2. 试　剂

（1）硫酸铵粉末。

（2）饱和硫酸铵溶液。

（3）3%硝酸银。

（4）0.5%醋酸铅。

（5）10%三氯醋酸。

（6）浓盐酸。

（7）浓硫酸。

（8）浓硝酸。

（9）5%磺基水杨酸。

（10）0.1%硫酸铜。

（11）饱和硫酸铜溶液。

（12）0.1%醋酸。

（13）10%醋酸。

（14）饱和氯化钠溶液。

（15）10%氢氧化钠溶液。

【实验仪器】

试管及试管架、小玻璃漏斗、滤纸、玻璃纸、玻璃棒、烧杯（500 mL）、量筒（10 mL）。

【实验内容】

1. 蛋白质的可逆反应——盐析

按表 2-9 步骤操作，观察现象，解释现象出现的原因。

表 2-9　蛋白质的盐析现象

步骤	现象	解释结论
取试管 1，加入 3 mL 蛋白质氯化钠溶液和等量的饱和硫酸铵溶液，混匀，静置 10 min	观察有无蛋白质（球蛋白）的沉淀	

续表

步骤	现象	解释结论
倒出上清液于试管 2，取试管 1 中沉淀，加少量蒸馏水	观察沉淀的再溶解	
往试管 2 中加入硫酸铵粉末，边加边用玻璃棒搅拌，直至粉末不再溶解，溶液饱和	观察有无沉淀(清蛋白)析出	
静置，弃去上清液，取出部分清蛋白沉淀，加少量蒸馏水	观察沉淀的再溶解	

2. 蛋白质的可逆反应——乙醇

按表 2-10 步骤操作，观察现象，解释现象出现的原因。

表 2-10 蛋白质与醇的反应

步骤	现象	解释结论
取试管 1，加入蛋白质氯化钠溶液 1 mL 和 95%乙醇 21 mL	观察有无蛋白质的沉淀	
静置，弃去上清液，取出部分蛋白质沉淀，加少量蒸馏水	观察沉淀的再溶解	

3. 蛋白质的不可逆反应——重金属（3 支试管）

按表 2-11 步骤操作，观察现象，解释现象出现的原因。

表 2-11 蛋白质与重金属的反应

试管	操作	现象	操作	现象
试管 1	1）1 mL 蛋白质溶液 2）3～4 滴 2%硝酸银溶液 3）过量的硝酸银	观察有无蛋白质的沉淀	弃去上清液，取出部分蛋白质沉淀，加少量蒸馏水	观察沉淀的再溶解
试管 2	1）1 mL 蛋白质溶液 2）1～3 滴 0.5%乙酸铅 3）过量的乙酸铅	观察有无蛋白质的沉淀	弃去上清液，取出部分蛋白质沉淀，加少量蒸馏水	观察沉淀的再溶解
试管 3	1）1 mL 蛋白质溶液 2）3～4 滴 1%硫酸铜 3）过量的硫酸铜	观察有无蛋白质的沉淀	弃去上清液，取出部分蛋白质沉淀，加少量蒸馏水	观察沉淀的再溶解

4. 蛋白质的不可逆反应——有机酸（2 支试管）

按表 2-12 步骤操作，观察现象，解释现象出现的原因。

表 2-12 蛋白质与有机酸的反应

试管 1	1）1 mL 蛋白质溶液 2）3 滴 10%三氯乙酸溶液	观察有无蛋白质的沉淀	弃去上清液，取出部分蛋白质沉淀，加少量蒸馏水	观察沉淀的再溶解
试管 2	1）1 mL 蛋白质溶液 2）3 滴 5%磺基水杨酸	观察有无蛋白质的沉淀	弃去上清液，取出部分蛋白质沉淀，加少量蒸馏水	观察沉淀的再溶解

【实验结果】

记录并分析实验现象。

【思考题】

（1）解释蛋白质的沉淀和变性的原理。
（2）举例说明蛋白质沉淀和变性之间的关系。

【注意事项】

实验要求各种试剂的浓度和加入量必须相当准确。

实验 17　蛋白质的两性反应和等电点测定

【实验目的】

（1）了解蛋白质的两性解离性质。
（2）掌握测定蛋白质等电点的方法。

【实验原理】

蛋白质和氨基酸一样是两性电解质。在某一 pH 溶液时，蛋白质解离成正、负离子的趋势相等，即成为兼性离子，净电荷为零，此时溶液的 pH 值称为蛋白质的等电点（pI）。

当溶液的 pH 值小于蛋白质等电点时，即在 H^+较多的条件下，蛋白质分子带正电荷成为阳离子；当溶液的 pH 值大于蛋白质等电点时，即在 OH^-较多的条件下，蛋白质分子带负电荷成为阴离子。

人体血清蛋白质等电点在 4.0 ~ 7.3，所以在体液 pH 7.4 的环境下，大多数蛋白质解离成阴离子，带负电。

不同蛋白质各有其特异的等电点。在等电点时，蛋白质的理化性质都有变化，可利用此种性质的变化测定各种蛋白质的等电点。本实验利用蛋白质在不同 pH 环境中的浑浊度来确定其等电点，在等电点时蛋白质颗粒上的净电荷为零，缺乏同电相斥的因素，蛋白质溶解度最小，最容易沉淀析出。

本实验通过观察不同 pH 溶液中的溶解度以测定酪蛋白的等电点。向不同 pH 值的缓冲液中加入酪蛋白后，沉淀出现最多的缓冲液的 pH 值即为酪蛋白的等电点。

【实验材料与试剂】

（1）酪蛋白醋酸钠液（0.5%）：

称取纯酪蛋白 0.25 g，加蒸馏水 20 mL 及 1.00 mol/L NaOH 溶液，摇荡使酪蛋白溶解；然后加 1.00 mol/L 醋酸溶液 5 mL，最后定容至 50 mL，混匀。

（2）溴甲酚绿指示剂（0.01%）：

变色范围是 pH 3.8 ~ 5.4。指示剂的酸色型为黄色，碱色型为蓝色。

（3）HCl 溶液（0.02 mol/L）。

（4）NaOH 溶液（0.02 mol/L）。

（5）醋酸溶液（0.01 mol/L）。

（6）醋酸溶液（0.10 mol/L）。

（7）醋酸溶液（1.00 mol/L）。

【实验仪器】

刻度吸量管、试管及试管架、玻璃棒、烧杯（500 mL）、量筒（10 mL）

【实验内容】

1. 蛋白质的两性反应

（1）取一支试管，加 0.5%的酪蛋白醋酸钠液 0.5 mL（约 10 滴），滴加 0.01%溴甲酚绿指示剂 3 滴，混匀。观察此时溶液的颜色，并解释实验现象。

（2）逐滴加入 0.02 mol/L 盐酸，边滴加边混匀，至有明显大量的沉淀发生时，此时溶液的 pH 值与酪蛋白的等电点接近，观察此时溶液以及沉淀的颜色，并解释实验现象。

（3）继续滴加 0.02 mol/L 盐酸，观察现象，并解释沉淀为何会逐渐消失。当沉淀完全消失时，观察此时溶液的颜色，并解释实验现象。

（4）继续滴加 0.02 mol/L NaOH 溶液至出现最大沉淀，观察此时溶液以及沉淀的颜色，并解释实验现象。

（5）再继续滴加 0.02 mol/L NaOH 溶液至沉淀完全溶解，观察现象，并解释沉淀为何会逐渐消失。当沉淀完全消失时，观察此时溶液的颜色，并解释实验现象。

2. 酪蛋白等电点的测定

（1）取 7 支干燥大试管，编号后按表 2-13 顺序准确地加入各种试剂：

表 2-13　蛋白质的两性反应

试管编号	1	2	3	4	5	6	7
蒸馏水体积/mL	2.4	3.2	—	3.0	1.5	2.75	3.38
1.00 mol/L 醋酸溶液体积/mL	1.6	0.8	—	—	—	—	—
0.10 mol/L 醋酸溶液体积/mL	—	—	4.0	1.0	—	—	—
0.01 mol/L 醋酸溶液体积/mL	—	—	—	—	2.5	1.25	0.62
溶液 pH	3.5	3.8	4.1	4.7	5.3	5.6	5.9
沉淀出现情况							

（2）将 7 支试管充分混匀。然后在每管内各加入 0.5%的酪蛋白醋酸钠液 1 mL（约 20 滴），每加一管立即混匀一管，混匀后各管内溶液的 pH 如表 2-13 所示。

（3）静置 30 min，观察各管的浑浊度，以“0、+、++、+++、++++”表示沉淀的多少并记录。根据实验结果，指出哪一种 pH 是酪蛋白的等电点。

【实验结果】

记录并分析实验现象。

【思考题】

（1）什么是蛋白质的等电点？

（2）在等电点时，蛋白质溶液为什么容易出现沉淀？

【注意事项】

该实验要求各种试剂的浓度和加入量必须相当准确。除了需要精心配制试剂以外，实验中应严格按照定量分析的操作进行。

实验 18 蛋白质含量测定（紫外分光光度法）

【实验目的】

（1）学习紫外分光光度法测定蛋白质含量的原理。

（2）掌握紫外分光光度法测定蛋白质含量的实验技术。

【实验原理】

蛋白质中酪氨酸和色氨酸残基的苯环含有共轭双键，因此，蛋白质具有吸收紫外光的性质，其最大吸收峰位于 280 nm 附近（不同的蛋白质吸收波长略有差别）。在最大吸收波长处，吸光度与蛋白质溶液的浓度的关系服从朗伯-比尔定律：$A = \lg I_0/I = \varepsilon bc$，当入射光波长 λ 及光程 b 一定时，在一定浓度范围内，有色物质的吸光度 A 与该物质的浓度 c 成正比，即物质在一定波长处的吸光度与它的浓度成线形关系。因此，通过测定溶液对一定波长入射光的吸光度，就可求出溶液中物质浓度和含量。由于最大吸收波长 λ_{max} 处的摩尔吸收系数最大，通常都是测量 λ_{max} 的吸光度，以获得最大灵敏度。该测定方法具有简单灵敏快速高选择性，且稳定性好，干扰易消除，低浓度的盐类不干扰测定等优点。该法测定蛋白质的浓度范围为 0.1 ~ 1.0 mg/mL。

【实验材料与试剂】

（1）标准蛋白质溶液：

5 mg/mL 溶液。

（2）NaCl 溶液（0.9%）。

（3）待测蛋白质溶液。

【实验仪器】

UV-2550 紫外-可见分光光度计、石英比色皿、吸量管。

【实验内容】

1. 准备工作

（1）启动计算机，打开主机电源开关，启动工作站并初始化仪器。

（2）在工作界面上选择测量项目（光谱扫描、光度测量），本实验选择光度测量，设置测量条件（测量波长等）。

（3）将空白放入测量池中，点击 START 扫描空白，点击 ZERO 校零。

（4）标准曲线的制作。

2. 测量工作

（1）吸收曲线的绘制

用吸量管吸取 5.00 mg/mL 标准蛋白质溶液 2 mL 于 10 mL 比色管中，用 0.9% NaCl 溶液稀释至刻度，摇匀。取 1 cm 石英比色皿，用 0.9% NaCl 溶液为参比，在 190 ~ 400 nm 区间，测量吸光度值，并填入表 2-14 中。

（2）标准曲线的制作

用吸量管分别吸取 5.00 mg/mL 标准蛋白质溶液 0.5、1.0、1.5、2.0、2.5 mL 于 5 只 10 mL 比色管中，用 0.9% NaCl 溶液稀释至刻度，摇匀。取 1 cm 石英比色皿，用 0.9% NaCl 溶液为参比，在 280 nm 处分别测定各标准溶液的吸光度值，并填入表 2-15 中。

（3）样品测定

取适量浓度的待测蛋白质溶液 3 mL，按上述方法测定 280 nm 处的吸光度值。平行测定 3 份。

【实验结果】

（1）吸收曲线的绘制（表 2-14）：

表 2-14 吸收曲线的相关数据

波长	吸光度	波长	吸光度	波长	吸光度	波长	吸光度
400		345		290		235	
395		340		285		230	
390		335		280		225	
385		330		275		220	
380		325		270		215	
375		320		265		210	
370		315		260		205	
365		310		255		200	
360		305		250		195	
355		300		245		190	
350		295		240			

以波长为横坐标、吸光度为纵坐标，绘制吸收曲线，确定蛋白质溶液的最大吸收峰。

（2）标准曲线的绘制（表 2-15）：

表 2-15 标准曲线的相关数据

管号	1	2	3	4	5
标准蛋白质溶液的体积/mL	0.5	1.0	1.5	2.0	2.5
吸光度					
标准蛋白质的含量/mg	0.25	5	7.5	10	12.5

以标准蛋白质的含量为横坐标、吸光度为纵坐标，绘制标准曲线，列出标准曲线的线性方程。

（3）将待测蛋白质溶液的吸光度代入线性方程，求得待测溶液的蛋白质含量，取平均值。

【思考题】

（1）紫外分光光度法测定蛋白质含量有何优缺点？受哪些因素的影响？

（2）测量吸光度时应注意哪些事项？

【注意事项】

（1）270 ~ 290 nm 紫外法对测定蛋白质中酪氨酸和色氨酸含量差异较大的蛋白质溶液，有一定的误差。

（2）本法需用高质量的石英比色皿，因玻璃可吸收紫外线。

（3）紫外分光光度计使用前需对其波长进行校正。

（4）样液的蛋白质浓度控制在 15 ~ 25 g/L 内。

（5）注意溶液 pH 值，蛋白质的紫外吸收峰会随 pH 的改变而变化。

（6）受非蛋白质因素的干扰严重，除核酸外，游离的色氨酸、酪氨酸、尿素、核苷酸、嘌呤、嘧啶和胆红素等均有干扰。

实验 19　蛋白质含量测定（微量凯氏定氮法）

【实验目的】

（1）掌握凯氏定氮法测定蛋白质含量的基本原理和方法。

（2）掌握凯氏定氮法的操作技术，包括样品的消化处理、蒸馏、滴定及蛋白质含量计算等。

【实验原理】

蛋白质是含氮的化合物。凯氏定氮法首先将含氮有机物与浓硫酸共热，经一系列的分解、碳化和氧化还原反应等复杂过程，最后有机氮转变为无机氮硫酸铵，这一过程称为有机物的消化。为了加速和完全有机物质的分解，缩短消化时间，在消化时通常加入硫酸钾、硫酸铜、过氧化氢等试剂，加入硫酸钾可以提高消化液的沸点而加快有机物分解，硫酸铜起催化剂的作用。使用时常加入少量过氧化氢作为氧化剂以加速有机物氧化。消化完成后，将消化液转入凯氏定氮仪反应室，加入过量的浓氢氧化钠，将 NH_4^+转变成 NH_3，通过蒸馏把 NH_3 驱入过量的硼酸溶液接收瓶内，硼酸接收氨后，形成四硼酸铵，然后用盐酸标准溶液滴定，直到硼酸溶液恢复原来的氢离子浓度。滴定消耗的标准盐酸物质的量即为 NH_3 的物质的量，通过计算即可得出总氮量。在滴定过程中，滴定终点采用甲基红-次甲基蓝混合指示剂颜色变化来判定。测定出的含氮量是样品的总氮量，其中包括有机氮和无机氮。以甘氨酸为例，其反应式如下：

$$NH_2CH_2COOH + 3H_2SO_4 \longrightarrow 2CO_2 + 2SO_2 + 4H_2O + NH_3 \quad (1)$$

$$2NH_3 + H_2SO_4 \longrightarrow (NH_4)_2SO_4 \quad (2)$$

$$(NH_4)_2SO_4 + 2NaOH \longrightarrow 2H_2O + Na_2SO_4 + 2NH_3 \quad (3)$$

反应（1）（2）在凯氏烧瓶内完成，反应（3）在凯氏蒸馏装置中进行。

蛋白质是一类复杂的含氮化合物，每种蛋白质都有其恒定的含氮量（在 14%～18%，平均为 16%）。凯氏定氮法测出的含氮量，再乘以系数 6.25，即为蛋白质含量。

微量定氮蒸馏装置如图 2-4 所示：

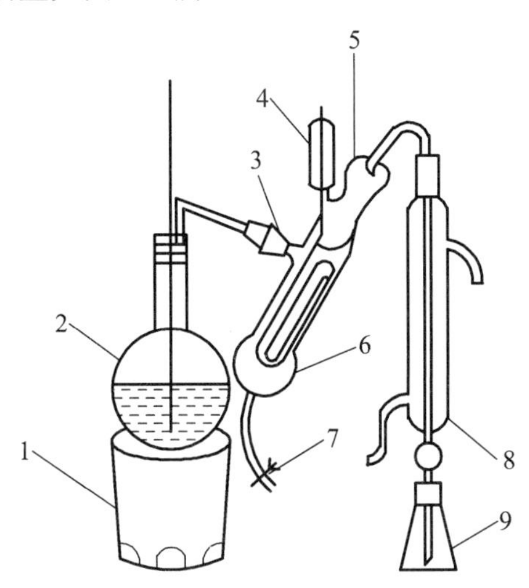

图 2-4　微量凯氏定氮装置

1—电炉；2—水蒸气发生器（2 L 平底烧瓶）；3—螺旋夹 a；4—小漏斗及棒状玻璃塞（样品入口处）；5—反应室；6—反应室外层；7—橡皮管及螺旋夹 b；8—冷凝管；9—蒸馏液接收瓶

【实验材料与试剂】

1. 材　料

黄豆粉，面粉，乳制品等。

2. 试　剂

（1）浓硫酸。

（2）硫酸铜。

（3）硫酸钾。

（4）硼酸溶液（20 g/L）。

（5）NaOH 溶液（400 g/L）。

（6）盐酸标准滴定溶液（0.01 mol/mL）。

（7）混合指示试剂：

0.1%甲基红乙溶液液 1 份，与 0.1%溴甲酚绿乙醇溶液 5 份，临用时混合。

【实验仪器】

微量定氮蒸馏装置、电炉、凯氏定氮仪（图 2-4）、三角瓶、移液管、洗耳球、烧杯、吸管、洗瓶、凯氏烧瓶、容量瓶。

【实验内容】

1. 样品消化

称取样品约 2.00 g（± 0.001 g），移入干燥的 100 mL 凯氏烧瓶中，加入硫酸铜 0.2 g 和硫酸钾 6 g，稍摇匀后瓶口放一小漏斗，加入 20 mL 浓硫酸，将瓶以 45°角斜支于有小孔的石棉网上，使用万用电炉，在通风橱中加热消化，开始时用低温加热，待内容物全部炭化，泡沫停止后，再升高温度保持微沸，消化至液体呈蓝绿色澄清透明后，继续加热 0.5 h，取下放冷，小心加 20 mL 水，放冷后，无损地转移到 100 mL 容量瓶中，加水定容至刻度，混匀备用，即为消化液。

试剂空白实验：取与样品消化相同的硫酸铜、硫酸钾、浓硫酸，按以上同样方法进行消化，冷却，加水定容至 100 mL，得试剂空白消化液。

2. 定氮装置的检查与洗涤

检查微量定氮装置是否装好。在蒸气发生瓶内装水约 2/3，加甲基红指示剂数滴及数毫升硫酸，以保持水呈酸性，加入数粒玻璃珠（或沸石）以防止暴沸。

测定前定氮装置如下法洗涤 2～3 次：从样品进口加入水适量（约占反应管 1/3 体积）通入蒸汽煮沸，产生的蒸汽冲洗冷凝管，数分钟后关闭夹子 a，使反应管中的废液倒吸流到反应室外层，打开夹子 b 由橡皮管排出，如此数次，即可使用。

3. 碱化蒸馏

量取硼酸试剂 20 mL 于三角瓶中，加入混合指示剂 2～3 滴，并使冷凝管的下端插入硼酸液面下，在螺旋夹 a 关闭、螺旋夹 b 开启的状态下，准确吸取 10.0 mL 样品消化液，由小漏斗流入反应室，并以 10 mL 蒸馏水洗涤进样口流入反应室，棒状玻璃塞塞紧。使 10 mL 氢氧化钠溶液倒入小玻杯，提起玻璃塞使其缓缓流入反应室，用少量水冲洗立即将玻璃塞盖严，并加水于小玻杯以防漏气，开启螺旋夹 a，关闭螺旋夹 b，开始蒸馏。通入蒸汽蒸腾 10 min

后，移动接收瓶，液面离开冷凝管下端，再蒸馏 2 min。然后用少量水冲洗冷凝管下端外部，取下三角瓶，准备滴定。

同时吸取 10.0 m 试剂空白消化液，按上法蒸馏操作。

4. 样品滴定

以 0.01 mol/L 盐酸标准溶液滴定至灰色为终点。

【实验结果】

1. 数据记录（表 2-16）

表 2-16　蛋白质含量测定数据

项　目	第一次	第二次	第三次
样品消化液体积/mL			
滴定消耗盐酸标准溶液体积/mL			
消耗盐酸标准溶液体积平均值/mL			

2. 结果计算

$$X = \frac{(V_1 - V_2) \times c \times 0.0140}{\frac{m}{100} \times 10} \times F \times 100$$

式中　X——样品蛋白质含量，g/100 g；

V_1——样品滴定消耗盐酸标准溶液体积，mL；

V_2——空白滴定消耗盐酸标准溶液体积，mL；

c——盐酸标准滴定溶液浓度，mol/L；

0.0140——1.0 mL 盐酸标准滴定溶液相当的氮的质量，g；

m——样品的质量，g；

F——氮换算为蛋白质的系数，一般食物为 6.25，乳制品为 6.38，面粉为 5.70，高粱为 6.24，花生为 5.46，米为 5.95，大豆及其制品为 5.71，肉与肉制品为 6.25，大麦、小米、燕麦、裸麦为 5.83，芝麻、向日葵为 5.30。

【思考题】

（1）蒸馏时为什么要加入氢氧化钠溶液？加入量对测定结果有何影响？

（2）在蒸汽发生瓶水中加甲基红指示剂数滴及数毫升硫酸的作用是什么？若在蒸馏过程中才发现蒸汽发生瓶中的水变为黄色，马上补加硫酸行吗？

【注意事项】

（1）本法也适用于半固体试样以及液体样品检测。半固体试样一般取样范围为 2.00 ~ 5.00 g；液体样品取样 10.0 ~ 25.0 mL（相当氮 30 ~ 40 mg）。若检测液体样品，结果以 g/100 mL 表示。

（2）消化时，若样品含糖高或含脂肪较多时，注意控制加热温度，以免大量泡沫喷出凯氏烧瓶，造成样品损失。可加入少量辛醇或液体石蜡，或硅消泡剂减少泡沫产生。

（3）消化时应注意旋转凯氏烧瓶，将附在瓶壁上的碳粒冲下，对样品彻底消化。若样品不易消化至澄清透明，可将凯氏烧瓶中溶液冷却，加入数滴过氧化氢后，再继续加热消化至完全。

（4）硼酸吸收液的温度不应超过 40 °C，否则氨吸收减弱，造成检测结果偏低。可把接收瓶置于冷水浴中。

（5）在重复性条件下获得两次独立测定结果的绝对差值不得超过算术平均值的 10%。

实验 20　蛋白质含量测定（福林-酚试剂法）

【实验目的】

（1）掌握福林-酚试剂法测定蛋白质含量的原理及标准曲线的绘制。

（2）熟悉福林-酚试剂法测定蛋白质含量的操作技术。

【实验原理】

蛋白质中含有酪氨酸和色氨酸残基，能与福林（Folin）-酚试剂起氧化还原反应。反应过程分为两步：第一步，在碱性溶液中，蛋白质分子中的肽键与碱性铜试剂中的 Cu^{2+}作用生成蛋白质-Cu^{2+}复合物；第二步，蛋白质-Cu^{2+}复合物中所含的酪氨酸或色氨酸残基还原酚试剂中的磷钼酸和磷钨酸，生成钨蓝和钼蓝两种蓝色化合物。该呈色反应在 30 min 内接近极限，并且在一定浓度范围内，蓝色的深浅度与蛋白质浓度呈线性关系，故可用比色的方法确定蛋白质的含量。最后根据预先绘制的标准曲线求出未知样品中蛋白质的含量。

福林-酚试剂法操作简便，灵敏度高，样品中蛋白质含量高于 5 μg 即可测得，是测定蛋白质含量应用最广泛的方法之一。缺点是有蛋白特异性的影响，即不同蛋白质的显色强度稍有不同，标准曲线也不是严格的直线形式。本法可测定的范围是 25 ~ 250 μg/mL 蛋白质。

【实验材料与试剂】

1. 材　料

各种植物材料。

2. 试　剂

（1）福林-酚试剂甲：

将碳酸钠 10 g、氢氧化钠 2 g 和 0.25 g 酒石酸钾钠（或其钾盐或钠盐）溶解于 100 mL 蒸馏水中配制成 A 液；将 0.5 g 五水合硫酸铜（$CuSO_4 \cdot 5H_2O$）溶解于 100 mL 蒸馏水中配制成 B 液。每次使用前将 A 液与 B 液以 50∶1 的比例混合，即为试剂甲。混合后 1 日内使用有效。

（2）福林-酚试剂乙：

在 1.5 L 容积的磨口回流瓶中加入 100 g 二水合钨酸钠（$Na_2WO_4 \cdot 2H_2O$）、25 g 二水合钼酸钠（$Na_2MoO_4 \cdot 2H_2O$）及 700 mL 蒸馏水，再加入 85%磷酸 50 mL 及浓盐酸 50 mL，充分混合，接上回流冷凝管，以小头回流 10 h。回流结束后，再加入 150 g 硫酸锂、50 mL 蒸馏水及数滴液体溴。开口继续沸腾 15 min，以驱除过量的溴，冷却后的溶液呈黄色（如仍呈绿色，须再重复滴加液体溴的步骤），定容至 1000 mL，过滤。滤液置于棕色试剂瓶中暗处保存。使用前用标准氢氧化钠溶液滴定，酚酞为指示剂以标定该试剂的酸度，一般为 2 mol/L 左右（由于滤液为浅黄色，滴定时滤液需稀释 100 倍，以免影响滴定终点的观察）。使用时适当稀释（约加蒸馏水 1 倍），使最终的酸浓度为 1 mol/L。

（3）标准蛋白溶液（250 μg/mL）：

用分析天平精密称取牛（或人）血清蛋白 250 mg，用少量蒸馏水完全溶解后，转移至 1000 mL 容量瓶中，准确稀释至刻度，使蛋白质浓度 250 μg/mL。

【实验仪器】

容量瓶、研钵、试管、移液管（0.5 mL 1 支、1 mL 3 支、5 mL 1 支）、恒温水浴箱、可见光分光光度计。

【实验内容】

1. 试剂的添加及吸光度的测定

取洁净干燥的大试管 7 支，按表 2-17 所示分别加入各试剂。

以空白管为对照，于 650 nm 处比色，读取各管的吸光度值。

2. 标准曲线的绘制

以标准蛋白质的含量为横坐标，以吸光度为纵坐标，绘制标准曲线。

表 2-17　福林-酚试剂法（Lowry 法）测定血清总蛋白含量试剂加样表

管号	标准管						待测管
	1	2	3	4	5	6	7
标准蛋白体积/mL	0	0.2	0.4	0.6	0.8	1.0	—
待测蛋白体积/mL	—	—	—	—	—	—	1.0
蒸馏水体积/mL	1.0	0.8	0.6	0.4	0.2	0	—
试剂甲体积/mL	3.0	3.0	3.0	3.0	3.0	3.0	3.0
	混匀，室温下放置 10 min						
试剂乙体积/mL	3.0	3.0	3.0	3.0	3.0	3.0	3.0
	立即迅速混匀，于室温下反应 30 min						
蛋白质含量/μg	0	50	100	150	200	250	
A_{650}							

3. 样品的测定

称取鲜样 0.8 g，用 5 mL 蒸馏水或缓冲液研磨成匀浆后，定容至 25 mL，过滤，取滤液 1.0 mL 于试管中，然后重复标准曲线绘制中的相关步骤，以空白管调零，测定吸光度。根据吸光度查标准曲线，求出样品中的蛋白质含量。

【实验结果】

按下式计算样品中的蛋白质含量

$$样品中蛋白质的含量（mg/g）= C \times V_t/(V_s \times m \times 1000)$$

式中　C——查标准曲线值，μg；

V_t——提取液总体积，mL；

m——样品鲜重，g；

V_s——测定时加样量，mL。

【思考题】

（1）本试验中试剂甲的作用是什么？

（2）福林-酚试剂法测蛋白质的含量为什么要求加入乙试剂后立即混匀？

【注意事项】

（1）福林-酚试剂乙液只在酸性条件下稳定。因此，当将其加到碱性的铜-蛋白质溶液中时，必须立即混匀，以便在磷钼酸-磷钨酸试剂被破坏之前，还原反应即能发生。

（2）如果室温过低，为了保证反应进行完全，反应应在 25～30 °C 水浴中进行，准确保温反应 30 min 后比色。

（3）样品溶液中还原物质、酚类物质及柠檬酸对 Lowry 法测定蛋白质的反应有干扰。

（4）由于这种显色化合物组成尚未确定，它在可见光红光区呈现较宽吸收峰区。不同书籍选用不同的波长，有选用 500 nm 或 540 nm 的，还有选用 640 nm、660 nm、700 nm 或 750 nm 的，在具体实验时，可在预先测定中确定测定波长。

实验 21　蛋白质含量测定（双缩脲法）

【实验目的】

（1）掌握双缩脲法测定蛋白质含量的原理及标准曲线的绘制。

（2）熟悉双缩脲法测定蛋白质含量的操作技术。

【实验原理】

双缩脲（$NH_3CONHCONH_3$）是两个脲分子经 180 °C 左右加热，放出一分子氨后得到的产物。在强碱性溶液中，双缩脲与 $CuSO_4$ 形成紫色配合物，称为双缩脲反应。凡具有两个酰胺基或两个直接连接的肽键，或能过一个中间碳原子相连的肽键，这类化合物都有双缩脲反应。

紫色配合物颜色的深浅与蛋白质浓度成正比，而与蛋白质相对分子质量及氨基酸成分无关，故可用来测定蛋白质含量。测定范围为 1 ~ 10 mg 蛋白质。干扰这一测定的物质主要有：硫酸铵、tris 缓冲液和某些氨基酸等。此法的优点是较快速，不同的蛋白质产生颜色的深浅相近，以及干扰物质少。主要的缺点是灵敏度差。因此双缩脲法常用于需要快速，但并不需要十分精确的蛋白质测定。

【实验材料与试剂】

1. 材　料

各种植物材料。

2. 试　剂

（1）标准蛋白质溶液：

用标准的结晶牛血清白蛋白（BSA）或标准酪蛋白，配制成 10 mg/mL 的标准蛋白溶液。可用 BSA 浓度 1 mg/mL 的 A_{280} 为 0.66 来校正其纯度。如有需要，标准蛋白质还可预先用微量凯氏定氮法测定蛋白氮含量，计算出其纯度，再根据其纯度，称量配制成标准蛋白质溶液。牛血清白蛋白用 H_2O 或 0.9% NaCl 配制，酪蛋白用 0.05 mol/L NaOH 配制。

（2）双缩脲试剂：

称取 1.50 g 五水合硫酸铜（$CuSO_4 \cdot 5H_2O$）和 6.0 g 四水合酒石酸钾钠（$KNaC_4H_4O_6 \cdot 4H_2O$），用 500 mL 水溶解，在搅拌下加入 10% NaOH 溶液 300 mL，用水稀释到 1000 mL，贮存于塑料瓶中（或内壁涂以石蜡的瓶中）。此试剂可长期保存。若贮存瓶中有黑色沉淀出现，则需要重新配制。

【实验仪器】

可见光分光光度计、大试管（15 支）、旋涡混合器、恒温水浴箱。

【实验内容】

1. 试剂的添加及吸光度的测定

取洁净干燥的大试管 7 支，按表 2-18 所示分别加入各试剂。

表 2-18　双缩脲法测定蛋白含量试剂加样表

管号	标准管						待测管
	1	2	3	4	5	6	7
标准蛋白体积/mL	0	0.2	0.4	0.6	0.8	1.0	—
待测蛋白体积/mL	—	—	—	—	—	—	1.0
蒸馏水体积/mL	1.0	0.8	0.6	0.4	0.2	0	—
双缩脲试剂体积/mL	4.0	4.0	4.0	4.0	4.0	4.0	4.0
	混匀，室温下放置 30 min						
蛋白质含量/mg	0	2	4	6	8	10	
A_{540}							

以空白管为对照，于 540 nm 处比色，读取各管的吸光度值。

2. 标准曲线的绘制

以标准蛋白质的含量为横坐标，以吸光度为纵坐标，绘制标准曲线。

3. 样品的测定

称取鲜样 0.8 g，用 5 mL 蒸馏水或缓冲液研磨成匀浆后，定容 25 mL 过滤，取滤液 1.0 mL 于试管中，然后重复标准曲线绘制中的相关步骤，以空白管调零，测定吸光度。根据吸光度查标准曲线，求出样品中的蛋白质含量。

【实验结果】

按下式计算样品中蛋白质的含量

$$样品中蛋白质的含量（mg/g）= C \times V_t/(V_s \times m \times 1000)$$

式中　C——查标准曲线值，μg；
V_t——提取液总体积，mL；
m——样品鲜重，g；
V_s——测定时加样量，mL。

【思考题】

（1）本试验中双缩脲的作用是什么？
（2）双缩脲法测定蛋白质含量时存在哪些干扰因素？

【注意事项】

待测样品浓度不应超过 10 mg/mL。

实验 22　蛋白质含量测定（考马斯亮蓝染色法）

【实验目的】

（1）掌握考马斯亮蓝染色法测定蛋白质含量的原理及标准曲线的绘制。
（2）熟悉考马斯亮蓝染色法测定蛋白质含量的操作技术。

【实验原理】

考马斯亮蓝 G-250（Coomassie brilliant blue G-250）测定蛋白质含量属于染料结合法的一种。在游离状态下呈红色，最大光吸收在波长 488 nm。当它与蛋白质结合后变为青色，蛋白质-色素结合物在波长 595 nm 下有最大光吸收。其光吸收值与蛋白质含量成正比，因此可用于蛋白质的定量测定。蛋白质与考马斯亮蓝 G-250 结合在 2 min 左右的时间内达到平衡，完成反应十分迅速。其结合物在室温下 1 h 内保持稳定。该法是 1976 年 Bradford 建立，试剂配制简单，操作简便快捷，反应非常灵敏，可测定微克级蛋白质含量，是一种常用的微量蛋白质快速测定方法。

【实验材料与试剂】

1. 材　料

各种植物材料。

2. 试　剂

（1）标准蛋白质溶液：
用牛血清白蛋白（BSA），配制成 1.0 mg/mL 的标准蛋白质溶液。
（2）考马斯亮蓝 G-250 染料试剂：

称 100 mg 考马斯亮蓝 G-250，溶于 50 mL 95%的乙醇后，再加入 85%的磷酸 120 mL，用水稀释定容至 1000 mL。

【实验仪器】

可见光分光光度计、大试管（15 支）、旋涡混合器、恒温水浴箱。

【实验内容】

1. 试剂的添加及吸光度的测定

取洁净干燥的大试管 7 支，按表 2-19 所示分别加入各试剂。

表 2-19 考马斯亮蓝染色法测定蛋白含量试剂加样表

管号	1	2	3	4	5	6	7
标准蛋白体积/mL	0	0.01	0.02	0.04	0.06	0.08	0.1
蒸馏水体积/mL	0.1	0.09	0.08	0.06	0.04	0.02	0
考马斯亮蓝体积/mL	5.0	5.0	5.0	5.0	5.0	5.0	5.0
混匀，室温下放置 30 min							
蛋白质含量/mg	0	0.01	0.02	0.04	0.06	0.08	0.1
A_{595}							

以空白管为对照，在波长 595 nm 处比色，读取各管的吸光度值。

2. 标准曲线的绘制

以标准蛋白质的含量为横坐标，以吸光度为纵坐标，绘制标准曲线。

3. 样品的测定

称取鲜样 0.8 g，用 5 mL 蒸馏水或缓冲液研磨成匀浆后，定容 25 mL 过滤，取滤液 0.1 mL 于试管中，然后重复标准曲线绘制中的相关步骤，以空白管调零，测定吸光度。根据吸光度查标准曲线，求出样品中的蛋白质含量。

【实验结果】

按下式计算样品中蛋白质的含量：

$$样品中蛋白质的含量（mg/g）=C \times V_t/(V_s \times m \times 1000)$$

式中 C——查标准曲线值，mg；

V_t——提取液总体积，mL；

m——样品鲜重，g；

V_s——测定时加样量，mL。

【思考题】

（1）简述考马斯亮蓝染色法测定蛋白质含量的基本原理。

（2）考马斯亮蓝染色法测定蛋白质含量时应该排除哪些干扰因素？

【注意事项】

（1）在试剂加入后的 5～20 min 内测定吸光度值，因为在这段时间内颜色是最稳定的。

（2）测定中，蛋白-染料复合物会有少部分吸附于比色杯壁上，测定完后可用乙醇将蓝色的比色杯洗干净。

（3）利用考马斯亮蓝染色法分析蛋白必须要掌握好分光光度计的正确使用，重复测定吸光度时，比色杯一定要冲洗干净。制作蛋白标准曲线的时候，蛋白标准品最好是从低浓度到高浓度测定，防止误差。

实验 23　凝胶层析法分离纯化蛋白质

【实验目的】

（1）掌握凝胶层析的基本原理。
（2）熟悉利用凝胶层析法分离纯化蛋白质的实验技能。

【实验原理】

层析是利用样品中各组成成分的理化性质的差异，使各组分以不同程度分布在固定相和流动相两相中，由于各组分随流动相前进的速率不同，从而分离开来的技术。这些物理特性包括分子的大小、形状、所带电荷、挥发性、溶解性及吸附性质等。层析系统的必要组分有：

（1）固定相，可以是一种固体、凝胶或固定化的液体。

（2）层析床，把固定相填入一个玻璃或金属柱中，或者薄薄涂布一层于玻璃或塑料片上，或者吸附在醋酸纤维纸上。

（3）流动相，起溶剂作用的液体或气体。

（4）运送系统，用来促使流动相通过层析床。

（5）检测系统，用于检测试管中的物质。

由于不同物质固定相相互作用的强弱不同，从而使得分离目的得以实现。

层析系统中，与固定相作用强的物质受到的阻力最大，而作用弱的物质受到的阻力很小，因而不同物质在层析过程中的迁移距离和洗脱时间不同。

凝胶层析又称分子筛层析，主要根据混合物中分子的大小和形状不同，在通过凝胶时，分子的扩散速率各异而达到分离的目的。凝胶颗粒具有多孔性网状结构，小分子易进入凝胶网孔，流程长而移动速度慢，而大分子物质不能进入凝胶网孔，沿凝胶颗粒间隙流动，流程短移动快。这种现象称为分子筛效应。

在凝胶层析中常用的凝胶有葡聚糖凝胶（商品名 Sephadex）、聚丙烯酰胺凝胶（Bio-Gel-P）和琼脂糖凝胶（Agarose）。葡聚糖凝胶是由细菌葡聚糖（又称右旋糖苷）在糖的长链间用交联剂 1-氯-2, 3-环氧丙烷交联而成。在合成时，调节葡聚糖和交联剂的比例，可以获得具有网孔大小不同的凝胶。G 值表示交联度，G 值越大，交联度越小，网孔和吸水量越大。

【实验材料与试剂】

1. 实验材料

待分离样品血红蛋白的制备方法：取新鲜抗凝全血 5 mL，于 2000 r/min 离心 10 min，弃血浆，用三倍于血球体积的 0.9% NaCl 溶液清洗血球（颠倒混匀），离心，弃上清液；重复清洗 2 ~ 3 次；于血球中加入 10 倍体积的蒸馏水，混匀使血球破碎，用棉花过滤即得血红蛋白溶液。

2. 试　剂

（1）洗脱液：

0.2 mol/L 的 NaCl 溶液。

（2）载体：

葡聚糖凝胶（G-25）。

（3）溴酚蓝溶液（1 mg/mL）。

【实验仪器】

层析柱、引流管、试管、铁架台、移液管、玻璃棒。

【实验内容】

1. 凝胶的处理

G-25 干粉置于蒸馏水中，室温下溶胀 3 h，再用蒸馏水洗涤几次，将不易沉降的细小颗粒随水倾倒（以免装柱后产生阻塞而降低流速），洗涤后将凝胶浸泡在洗脱液中待用。

2. 装　柱

（1）将层析柱垂直固定在铁架台上，关闭出口。向柱内加入洗脱液约 1 cm

高（确保不漏）。

（2）取溶胀好的凝胶，用等体积洗脱液适当搅拌成浆，沿管壁顺玻璃棒灌入柱内至标记处，打开出口让凝胶沉降（装柱要求连续、均匀、无气泡）。

（3）沉降完毕并形成凝胶柱（柱上仅剩下薄层洗脱液）后，关闭出口。

3. 加样与洗脱

（1）加样：血红蛋白和溴酚蓝按 2∶1 比例混匀，取 0.75 mL，用移液管沿层析柱壁小心加入（不能冲起凝胶柱），打开出口，待样品下渗至与凝胶面相平时即关闭。

（2）洗脱：用少量洗脱液清洗层析柱管壁 2 次（操作同上）后，再加一层洗脱液（3 ~ 5 cm）；打开下口开关进行洗脱，保持洗脱液进入速率与流出速率一致，分步收集洗脱液（观察颜色）。

4. 收　集

（1）用试管进行样品的收集，每管 1 mL。

（2）注意观察层析柱内分离现象，并观察收集管内颜色深浅，以“-，+”等记号记录两种物质洗脱液的颜色。或者用 400 nm、500 nm 测其 OD 值。

5. 凝胶回收

（1）装柱后不要马上清洗装凝胶液的烧杯

（2）洗脱后用 2 ~ 3 倍体积的蒸馏水反复过柱，最后将洗净的凝胶用原烧杯回收。

【思考题】

（1）每种物质在洗脱过程中有哪些颜色变化？

（2）凝胶柱使用完毕后如何处理？

【注意事项】

（1）实验中要始终保持柱内液面高于凝胶表面，以免水分挥发致凝胶变干。

（2）要防止液体流干，以免凝胶混入气泡而影响分离液的流动，导致分离效果不佳。严重时必须重新装柱。

实验24　SDS-聚丙烯酰胺凝胶电泳测定蛋白质的相对分子质量

【实验目的】

（1）掌握 SDS-聚丙烯酰胺电泳法的原理。

（2）学会用此种方法测定蛋白质的相对分子质量。

【实验原理】

SDS-聚丙烯酰胺凝胶电泳（SDS-PAGE）是对蛋白质进行量化，比较及特性鉴定的一种经济、快速，而且可重复的方法。该法主要依据蛋白质的相对分子质量对其进行分离。SDS 与蛋白质的疏水部分相结合，破坏其折叠结构，并使其稳定地存在于一个广泛、均一的溶液中。SDS-蛋白质复合物的长度与其相对分子质量成正比。由于在样品介质和聚丙烯酰胺凝胶中加入离子去污剂和强还原剂后，蛋白质亚基的电泳迁移率主要取决于亚基相对分子质量的大小，而电荷因素可以被忽略。SDS-PAGE 因易于操作和广泛的用途，使它成为许多研究领域中一种重要的分析技术。

SDS 是十二烷基硫酸钠（sodium dodecyl sulfate）的简称，它是一种阴离子表面活性剂，加入电泳系统中能使蛋白质的氢键和疏水键打开，并结合到蛋白质分子上（在一定条件下，大多数蛋白质与 SDS 的结合比为 1.4 g SDS/1 g 蛋白质），使各种蛋白质-SDS 复合物都带上相同密度的负电荷，其数量远远超过了蛋白质分子原有的电荷量，从而掩盖了不同种类蛋白质间原有的电荷差别，这样就使电泳迁移率只取决于分子大小这一因素。于是根据标准蛋白质相对分子质量的对数和迁移率所绘制的标准曲线，可求得未知物的相对分子质量。

【实验材料与试剂】

（1）2 mol/L Tris-HCl（pH 8.8）:

取 24.2 g Tris，加蒸馏水 50 mL，缓慢的加浓盐酸至 pH 8.8（约加 4 mL）；让溶液冷却至室温，pH 将会升高，加蒸馏水至 100 mL。

（2）1 mol/L Tris-HCl（pH 6.8）:

取 Tris 12.1 g，加蒸馏水 50mL，缓慢的加浓盐酸至 pH 6.8（约加 8 mL）；让溶液冷却至室温，pH 将会升高，加蒸馏水至 100 mL。

（3）10%（*W*/*V*）SDS:

取 10 g SDS，加蒸馏水至 100 mL。

（4）50%（*V*/*V*）甘油:

取 100%甘油 50 mL，加入蒸馏水 50 mL。

（5）1%（*W*/*V*）溴酚蓝:

取溴酚蓝 100 mg，加蒸馏水至 10 mL，搅拌，直到完全溶解，过滤除去聚合的染料。

（6）A 液（丙烯酰胺储备液）:

在通风柜中操作，取丙烯酰胺 29.2 g，甲叉双丙烯酰胺 0.8 g，加蒸馏水至 100 mL，缓慢搅拌直至丙烯酰胺粉末完全溶解，用石蜡膜封口。可在 4 °C 存放数月。

（7）B 液（4× 分离胶缓冲液）:

取 2 mol/L Tris-HCl（pH 8.8）75 mL，加入 10% SDS 4 mL，再加蒸馏水 21 mL，混匀。可在 4 °C 存放数月。

（8）C 液（4× 浓缩胶缓冲液）:

取 1 mol/L Tris-HCl（pH 6.8）50 mL，加入 10% SDS 4 mL，再加蒸馏水 46 mL，混匀。可在 4 °C 存放数月。

（9）10%过硫酸铵:

取过硫酸铵 0.5 g，加入蒸馏水 5 mL。可保存在密封的管内，于 4 °C 存放数月。

（10）N, N, N′, N′-四甲基乙二胺（TEMED）。

（11）电泳缓冲液:

取 Tris 3.0 g、甘氨酸 14.4 g、SDS 1.0 g，加蒸馏水至 1000 mL，pH 约为 8.3。也可配制成 10× 的储备液，在室温下长期保存。

（12）5× 样品缓冲液:

取 1 mol/L Tris-HCl（pH 6.8）0.6 mL，加入 10% SDS 2 mL、50%甘油 5 mL、

2-巯基乙醇 0.5 mL、1%溴酚蓝 1 mL、蒸馏水 0.9 mL，混匀。可在 4 °C 保存数周，或在-20 °C 保存数月。

（13）考马斯亮蓝染液：

称取 1.0 g 考马斯亮蓝 R-250，加入甲醇 450 mL、蒸馏水 450 mL 及冰醋酸 100 mL，即成。

（14）考马斯亮蓝脱色液：

将甲醇 100 mL、冰醋酸 100 mL 及蒸馏水 800 mL 混匀，备用。

【实验仪器】

微型凝胶电泳装置、电源（电压 200 V，电流 500 mA）、100 °C 沸水浴、Eppendorf 管、微量注射器（50 μL 或 100 μL）、干胶器、真空泵或水泵、带盖的玻璃或塑料小容器、摇床。

【实验内容】

1. 灌制分离胶

（1）组装凝胶模具：可按照使用说明书装配好灌胶用的模具。对于 Bio-Rad 的微型凝胶电泳系统，在上紧螺丝之前，必须确保凝胶玻璃板和隔片的底部与一个平滑的表面紧密接触，有细微的不匹配就会导致凝胶的渗漏。

（2）将 A 液、B 液及蒸馏水在一个小烧瓶或试管中混合，丙烯酰胺（A 液中）是神经毒素，操作时必须戴手套。加入过硫酸铵和 TEMED（N, N, N′, N′-四甲基乙二胺）后，轻轻搅拌使其混匀（过量气泡的产生会干扰聚合）。凝胶很快会聚合，操作要迅速。小心将凝胶溶液用吸管沿隔片缓慢加入模具内，这样可以避免在凝胶内产生气泡。

（3）当加入适量的分离胶溶液时（对于小凝胶，凝胶液加至约距前玻璃板顶端 1.5 cm 或距梳子齿约 0.5 cm），轻轻在分离胶溶液上覆盖一层 1 ~ 5 mm 的水层，这使凝胶表面变得平整。当凝胶聚合后，在分离胶和水层之间将会出现一个清晰的界面。

2. 灌制浓缩胶

（1）吸尽覆盖在分离胶上的水后，将 A 液、C 液和蒸馏水在三角烧瓶或小试管中混合。加入过硫酸铵和 TEMED，并轻轻搅拌使其混匀。

（2）将浓缩胶溶液用吸管加至分离胶的上面，直至凝胶溶液到达前玻璃板的顶端。将梳子插入凝胶内，直至梳子齿的底部与前玻璃板的顶端平齐。必须确保梳子齿的末端没有气泡。将梳子稍微倾斜插入可以减少气泡的产生。

（3）凝胶聚合后，小心拔出梳子，不要将加样孔撕裂。将凝胶放入电泳槽内，如果使用 Bio-Rad 的微型凝胶系统，可预先接好电极。将电泳缓冲液加入内外电泳槽中，使凝胶的上下端均能浸泡在缓冲液中。

3. 制备样品和上样

（1）将蛋白质样品与 5 × 样品缓冲液（20 μL + 5 μL）在一个 Eppendorf 管中混合。100 °C 加热 2 ~ 10 min。离心 1 s，如果有大量蛋白质碎片则应延长离心时间。

（2）用微量注射器将样品加入样品孔中。将蛋白质样品加至样品孔的底部，并随着染料水平的升高而升高注射器针头。避免带入气泡，气泡易使样品混入相邻的加样孔中。

4. 电　泳

（1）将电极插头与适当的电极相接，电流流向阳极。将电压调至 200 V（保持恒压），对于两块 0.75 mm 的胶来说，电流开始时为 100 mA，在电泳结束时应为 60 mA；对于两块 1.5 mm 的胶来说，开始时应为 110 mA，结束时应为 80 mA。

（2）对于两块 0.75 mm 的凝胶，染料的前沿迁移至凝胶的底部需 30 ~ 40 min（1.5 mm 的凝胶则需 40 ~ 50 min）。关闭电源，从电极上拔掉电极插头，取出凝胶玻璃板，小心移动两玻璃板之间的隔片，将其插入两块玻璃板的一角。轻轻撬开玻璃板，凝胶便会贴在其中的一块板上。

5. 考马斯亮蓝染色

这种染色方法在单条电泳带中蛋白质最小检出量为 0.1 μg。通常可以根据所需要的敏感度来选择是使用考马斯亮蓝染色或银染色。

（1）戴上手套避免将手指印留在电泳凝胶上，将凝胶移入一个小的盛有少量考马斯亮蓝（20 mL 已经足够）的容器内（小心不要将胶撕破）。或将玻璃板连同凝胶浸在染料中轻轻振荡直至凝胶脱落。

（2）对于 0.75 mm 的凝胶，可在摇床上缓慢震荡 5 ~ 10 min；对于 1.5 mm 的凝胶，则需 10 ~ 20 min。在染色和脱色过程中要用盖子或封口膜密闭容器口。弃去染液，将凝胶在水中漂洗数次。戴手套以避免将双手染色。

（3）加入考马斯亮蓝脱色液（约 50 mL），清晰的条带很快会显现出来，大部分凝胶脱色需要 1 h，使用过的脱色液则可用水冲洗掉。为了脱色完全，需数次更换脱色液并震荡过夜。

6. 干　胶

（1）用一张 10 cm × 12 cm 的 Whatman 3 mm 滤纸覆盖凝胶，用一张玻璃纸或塑料保鲜膜覆盖在凝胶的另一个表面，小心不要将气泡裹进去，这样会导致凝胶的破裂。可用一个试管作为卷轴推赶，可以有效地除去气泡。

（2）将滤纸置于干胶器上，开启加热和抽真空开关，并盖上带有密封圈的盖子。待凝胶烘干后小心取出即可。

【实验结果】

根据凝胶中标准品与待测样品的相对迁移率判断待测样品的大致相对分子质量。

【思考题】

（1）利用 SDS-聚丙烯酰胺电泳法测定蛋白质的相对分子质量与利用凝胶层析测定蛋白质的相对分子质量有何不同？

（2）SDS 在该电泳方法中的作用是什么？

【注意事项】

（1）不是所有的蛋白质都能用 SDS-凝胶电泳法测定其相对分子质量，已发现有些蛋白质用这种方法测出的相对分子质量是不可靠的。包括：电荷异常或构想异常的蛋白质，带有较大辅基的蛋白质（如某些糖蛋白）以及一些结构蛋白如胶原蛋白等。例如，组蛋白 F1，它本身带有大量正电荷，因此，尽管结合了正常比例的 SDS，仍不能完全掩盖其原有正电荷的影响，它的相对分子质量是 21 000，但 SDS-凝胶电泳测定的结果却是 35 000。因此，最好至少用两种方法来测定未知样品的相对分子质量，互相验证。

（2）有许多蛋白质，是由亚基（如血红蛋白）或两条以上肽链（如 α-胰凝乳蛋白酶）组成的，它们在 SDS 和巯基乙醇的作用下，解离成亚基或单条肽链。因此，对于这一类蛋白质，SDS-凝胶电泳测定的只是它们的亚基或单条肽链的相对分子质量，而不是完整分子的相对分子质量。为了得到更全面的资料，还必须用其他方法测定其相对分子质量及分子中肽链的数目等，与 SDS-凝胶电泳的结果互相参照。

实验 25　蛋白质印迹免疫技术

【实验目的】

（1）掌握蛋白质印迹免疫分析的基本原理。

（2）掌握蛋白质印迹免疫分析的基本方法。

【实验原理】

蛋白质印迹免疫分析的过程包括蛋白质经凝胶电泳分离后，在电场作用下将凝胶上的蛋白质条带转移到硝酸纤维素膜上，经封闭后再用抗待检蛋白质的抗体作为探针与之结合，经洗涤后，再将滤膜与二级试剂——放射性标记的辣根过氧化物酶或碱性磷酸酶偶联抗免疫球蛋白抗体结合，进一步洗涤后，通过放射自显影或原位酶反应来确定抗原-抗体-抗抗体复合物在滤膜上的位置和丰度。

【实验材料与试剂】

（1）IgG 标准品。

（2）羊抗人辣根过氧化物酶（HRP）标记的 IgG 抗体。

（3）转移 buffer：

取 Tris 3.03 g、Gly 14.4 g、甲醇 200 mL，加三蒸水至 1000 mL，充分溶解。4 °C 冰箱贮存。

（4）Tris buffer（TBS）：

取 Tris 2.42 g、氯化钠 29.2 g，溶于 600 mL 三蒸水中，再用 1 mol/L HCl 调至 pH 7.5，然后补加三蒸水至 1000 mL。

（5）漂洗液（TTBS）：

TBS 液 500 mL，加 250 μL Tween20。

（6）封闭液：

5%脱脂奶粉。

（7）抗体 buffer：

称取 BSA 1.5 g 溶于 50 mL TTBS。

（8）DAB（3, 3-二氨基联苯胺）显色液：

称取 5 mg DAB 溶于 10 mL 柠檬酸 buffer（0.01 mol/L 柠檬酸 2.6 mL、0.02 mol/L Na_2HPO_4 17.39 mL），加 30% H_2O_2 10 μL（临用时现配）。

（9）脱色液：

取甲醇 250 mL，冰醋酸 100 mL，加蒸馏水至 1000 mL。

（10）氨基黑染色液（0.1%氨基黑-10B）：

称取 0.2 g 氨基黑-10B，溶于 200 mL 脱色液中，充分搅拌溶解，滤纸过滤。

【实验仪器】

转移电泳仪、硝酸纤维素膜、滤纸、剪刀、手套、小尺。

【实验内容】

1. 样品的 SDS-聚丙烯酰胺凝胶电泳

按 SDS-聚丙烯酰胺凝胶电泳操作步骤进行。加样时，注意在同一块胶上按顺序做一份重复点样，以备电泳结束时，一份用于免疫鉴定，一份用于蛋白染色显带，以利相互对比，分析实验结果。

2. 转移印迹

（1）转移前准备：将滤纸、硝酸纤维素膜（NC）剪成与胶同样大小，NC 膜浸入蒸馏水中 10-20 min 后浸入转移 buffer 中平衡 30 min。

（2）凝胶平衡：将电泳后的 SDS-PAGE 胶板置于转移 buffer 中平衡 30 ~ 60 min。

（3）按图操作：逐层铺平，各层之间勿留有气泡和皱褶。

（4）开始转移，连接正负极，盖好盖子，接上电源，恒流 0.8 mA/cm，室温下转移 1 h，转移后的凝胶再用氨基黑-10B 染色液染色 20 min，然后脱色检测转移效果。

3. 免疫染色

（1）转移后的 NC 膜于 5%脱脂奶粉中封闭，4 °C 过夜。

（2）TBS 洗膜 1 ~ 2 次，10 min/次。

（3）加 HRP 标记的抗体，室温 1 h。

（4）TBS 洗 3 次，10 min/次。

（5）NC 膜再转入 DAB 显色液中，置暗处反应，待显色反应达到最佳程度时，立即用三蒸水洗涤终止反应。

【思考题】

（1）蛋白质印迹免疫分析的基本原理是什么？

（2）蛋白质印迹免疫分析过程中免疫染色应注意哪些事项？

第四节　核酸类实验

实验 26　细菌 DNA 的提取

【实验目的】

（1）了解细菌 DNA 提取的原理。
（2）掌握细菌 DNA 提取的方法。

【实验原理】

要进行重组 DNA 实验，就离不开外源基因的纯化，而外源基因主要来源之一就是直接从生物的染色体 DNA 上制备，所以基因工程实验经常需要制备高质量的染色体 DNA 样品，基因工程实验所需要的基因组 DNA 通常要求相对分子质量尽可能大，以此增加外源基因获得率，但要获得大片段的 DNA 非易事。对于细菌来说，细菌细胞具有坚硬的细胞壁，提取难度将大于真核细胞。

细菌基因组 DNA 在抽提过程中，不可避免的机械剪切力必将切断 DNA，如果要抽提到大的 DNA 分子，就要尽可能地温和操作，减少剪切力，减少切断 DNA 分子的可能性；分子热运动也会减少所抽提到的 DNA 相对分子质量，所以提取过程也要尽可能在低温下进行。另外细胞内及抽提器皿中污染的核酸酶也会降解制备过程中的 DNA，所以制备过程要抑制其核酸酶的活性。另外制备的 DNA 必须是高纯度的，以满足基因工程中各种酶反应的需要，制备的样品必须没有蛋白污染，没有 RNA，各种离子浓度应符合要求，这些在染色体制备时都应考虑到。DNA 不溶于 95%的酒精溶液，但是细胞中的某些物质则可以溶于酒精溶液。利用这一原理，可以进一步提取出含杂质较少的 DNA。并且用酒精可以洗脱在前几步实验中 DNA 携带的盐离子。

对于细菌而言，有染色体 DNA 和质粒 DNA，因此要将其分离开。处理过程中，细菌染色体 DNA 缠绕在细胞膜碎片上，离心时容易被沉淀下来，而质粒 DNA 则留在上清液中，上清液中还可能有蛋白质、核糖核蛋白和少量的染色体 DNA。

大肠杆菌染色体 DNA 抽提首先收集对数生长期的细胞，然后用离子型表面活性剂十二烷基磺酸钠（SDS）破裂细胞。SDS 具有的主要功能是：

（1）溶解细胞膜上的脂类和蛋白质，因而溶解膜蛋白而破坏细胞膜；

（2）解聚细胞膜上的脂类和蛋白质，有助于消除染色体 DNA 上的蛋白质；

（3）SDS 能与蛋白质结合成为 R_1-O-SO_3R_2-蛋白质的复合物，使蛋白质变性而沉淀下来。

SDS 也能抑制核糖核酸酶的作用，所以在以后的提取过程中，必须把它除干净。以免影响下一步核糖核酸酶（RNase）的作用。破细胞后 RNA 经 RNase 消化除去，蛋白质经苯酚、氯仿-异戊醇抽提除去。含有质粒 DNA 的上清液用乙醇或异丙醇沉淀，回收 DNA。

此种方法抽提的细菌染色体 DNA，无 RNA 和蛋白质污染，可用于限制性内切酶消化，分子再克隆等。但在下一步实验前，要测定其 DNA 的浓度，常用的测定 DNA 浓度的方法是溴化乙啶电泳法。当 DNA 样品在琼脂糖凝胶中电泳时，加入的 EB 会增强发射的荧光。而荧光的强度正比于 DNA 的含量，如将已知浓度的标准样品作电泳对照，就可估计出待样品的浓度。

【实验材料与试剂】

1. 材　料

大肠杆菌 TOP10。

2. 试　剂

（1）LB 液体培养液：

胰蛋白胨 10 g/L，酵母浸膏 5 g/L，NaCl 10 g/L，用 NaOH 调节至 pH 7.5，高压灭菌。

（2）酚-氯仿（1∶1）：

一般市售的酚需要重蒸处理，市售的酚常含有杂质而呈粉色和淡黄色，需要重蒸二次，收集沸点 160 °C 部分，小瓶分装，瓶内空腔充氮气，−20 °C 密封保存，以免氧化，用前从冰箱中取出，68 °C 蒸馏水饱和，加入 8-羟基喹啉（100 g 酚加 0.1 g），酚变为黄色。8-羟基喹啉是抗氧化剂，并能部分抑制核糖核酸酶，含 8-羟基喹啉的酚用等体积 1.0 mol/L pH 8.0 Tris 缓冲液抽提，再用 0.1 mol/L pH 8.0 含 0.2% β-巯基乙醇的 Tris 缓冲液抽提数次，酚溶液的 pH 应大于 7.6。此酚溶液在平衡缓冲液覆盖下 4 °C 可保存一个月。纯化和制备酚溶液都要戴手套，以免损伤皮肤。

（3）核糖核酸酶：

无 DNA 酶污染，将胰 RNA 酶（RNA 酶 A）溶于 10 mmol/L Tris-HCl（pH 7.5）、15 mmol/L NaCl 溶液中，浓度为 10 mg/mL。于 100 °C 加热 15 min，缓慢冷却至室温，分装后于-20 °C 保存。

（4）TEG 缓冲液：

TEG 缓冲液即 pH 8.0 25 mmol/L Tris-HCl，10 mmol/L EDTA，50 mmol/L 葡萄糖，4 mg/mL 溶菌酶。称取 0.3 g Tris 加入 0.1 mol/L HCl 溶液 14.6 mL，先配制成 pH 8.0 Tris-HCl 缓冲液 100 mL，再加入 0.37 g EDTA · Na_2 · $2H_2O$ 和 0.99 g 葡萄糖，临用前加入 400 mg 溶菌酶。

（5）碱裂解液（0.2 mol/L NaOH，1% SDS）：

称取 0.8 g NaOH 和 1 g SDS，定容至 100 mL。

（6）乙酸钾溶液、乙酸钠溶液、溶菌酶溶液、丙酮溶液。

【实验内容】

（1）将大肠杆菌接种于 LB 培养基在 37 °C 环境下，以 150 r/min 震荡过夜培养。

取 1 mL 对数期菌液，12 000 r/min 离心 5 min。

（2）弃上清，将沉淀溶于 200 μL 丙酮，震荡混匀，冰浴 5 min。

（3）8000 r/min 离心 2 min，弃上清。

（4）将沉淀混于 TEG 缓冲液中，震荡混匀，冰浴 5 min。

（5）加入 200 μL SDS 裂解液，冰浴 5 min。

（6）加入 150 μL 乙酸钾溶液，冰浴 15 min，使其沉淀完全。

（7）在 4 °C 下，12 000 r/min 离心 5 min（乙酸钾能沉淀 SDS 与蛋白质的复合物，并使过量的 SDS-Na^+转化为溶解度很低的 SDS-K^+一起沉淀下来）。离心后，若上清液浑浊，应混匀后再冷至 0 °C，重复离心，弃去上清。

（8）加入等体积的酚-氯仿饱和溶液，反复震荡，12 000 r/min 离心 2 min（比单独用酚、氯仿除去蛋白质效果更好。为充分除去残余的蛋白质，可以进行多次抽提，直至两相间无絮状蛋白沉淀）。

（9）将上清移至新管，加入 2 倍体积预冷无水乙醇，混合摇匀。

（10）-20 °C，15 min 后，4 °C 下 12 000 r/min 离心 5 min。

（11）1 mL 70%冷乙醇洗涤沉淀，然后离心，弃去上清液。

（12）干燥，100 μL 20 μg/mL RNase A，37 °C，30 min。

（13）2 倍体积无水乙醇沉淀，70%冷乙醇洗涤（沉淀 DNA 可以使用一倍体积异丙醇或 2 倍体积乙醇）。

（14）干燥，溶于 50 μL TE。

（倒数一二步操作是在制备的 DNA 马上就要用的情况下。若需保存，则是在使用之前加入 RNase）。

革兰氏阳性菌，由于细胞壁的结构与阴性菌有差别，裂解比阴性菌稍微麻烦一些，可以采取 CTAB/NaCl 法稍加修改，在第四步加入终浓度 2 mg/mL 的溶菌酶，37 °C 温育 1 h。

【实验结果】

琼脂糖凝胶电泳检测提取的 DNA。

【注意事项】

（1）提基因组最好要将枪头尖剪掉（剪掉以后在酒精灯上迅速过一下，使其断口圆滑），以免枪头损伤 DNA。

（2）最好是风干。

（3）最好能够使用新鲜的菌体。过程中注意无菌操作。

（4）菌量有一定的要求，通常为菌液的 $OD_{600} = 1.9$ 时，取 1 ~ 2 mL 就可以了。

（5）第一步悬浮时，振荡的时间稍长一些（1 ~ 2 min），充分悬浮菌体。

（6）裂解步骤中，如果不澄清说明菌体没有裂解，可能的原因有：① 菌量太大；② 该菌为厚壁的非革兰氏阴性菌。

（7）沉淀 DNA 可以使用一倍体积异丙醇或 2 倍体积乙醇。

（8）加洗液 RNase A，量要加足，以防止清洗不净影响未来的实验。

（9）要尽可能地温和操作，减少剪切力，减少切断 DNA 分子的可能性；分子热运动也会减少所抽提到的 DNA 相对分子质量，所以提取过程也要尽可能在低温下进行。

（10）加入乙酸钾后，可用小玻璃棒轻轻搅开团状沉淀物，防止 DNA 被包埋在沉淀物内，不易释放出来。

（11）在吸取上层水相时勿吸入下层有机相。

实验 27　CTAB 法提取植物叶片 DNA

【实验目的】

核酸的分离纯化是核酸制备及分析的前提和基础，通过本实验应学会和掌握核酸制备的一些基本操作和方法。

【实验原理】

由于不同的生物材料细胞壁的结构和组成不同，而细胞壁结构的破坏是提取总 DNA 的关键步骤。同时细胞内的物质也根据生物种类的不同而有差异，因此不同生物采用的提取方法也不同，一般要根据具体的情况来设计实验方法。本实验采用 CTAB 法提取竹子、香樟的 DNA。

植物叶片经液氮研磨，可使细胞壁破裂，加入去污剂（如 CTAB），可使核蛋白体解析，然后使蛋白和多糖杂质沉淀，DNA 进入水相，再用酚、氯仿抽提纯化。本实验采用 CTAB 法，其主要作用是破膜。CTAB 是一种非离子去污剂，能溶解膜蛋白与脂肪，也可解聚核蛋白。植物材料在 CTAB 的处理下，结合 65 °C 水浴使细胞裂解、蛋白质变性、DNA 被释放出来。CTAB 与核酸形成复合物，此复合物在高盐（>0.7 mmol/L NaCl）浓度下可溶，并稳定存在，但在低盐浓度（0.1 ~ 0.5 mmol/L NaCl）下，CTAB-核酸复合物就因溶解度降低而沉淀，而大部分的蛋白质及多糖等仍溶解于溶液中。经过氯仿-异戊醇（24∶1）抽提去除蛋白质、多糖、色素等来纯化 DNA，最后经异丙醇或乙醇等沉淀剂将 DNA 沉淀分离出来。

【实验材料与试剂】

1. 材　料

植物新鲜叶片。

2. 试　剂

（1）十六烷基三甲基溴化铵（CTAB）。

（2）三羟甲基氨基甲烷（Tris）。

（3）乙二胺四乙酸（EDTA）。

（4）氯化钠。

（5）2-巯基乙醇。

（6）无水乙醇。

（7）氯仿。

（8）异戊醇。

【实验仪器】

冰箱、恒温水浴锅、高速离心机、陶瓷研钵和杵子、离心管、微量加样器。

【实验内容】

（1）分别称取 2 g 新鲜的竹子和香樟叶片，用蒸馏水冲洗叶面，滤纸吸干水分；

（2）将叶片剪成 1 cm 长，置预冷的研钵中，倒入液氮，尽快研磨成粉末；

（3）加入 800 μL 的 CTAB 提取缓冲液，混匀（CTAB 在 65 °C 水浴预热），保温 30 min，每 5 min 轻轻震荡几次；

（4）冷却 2 min 后，加入等体积氯仿振荡 2 ~ 3 min，使两者混合均匀；

（5）10 000 r/min 离心 10 min，移液器轻轻地吸取上清液至另一新的灭菌离心管中；

（6）加入 2/3 倍体积的异丙醇，将离心管慢慢上下摇动 30 s，使异丙醇与水层充分混合，室温放置 15 min 至能见到 DNA 絮状物；

（7）10 000 r/min 离心 1 min 后，立即倒掉液体，注意勿将白色 DNA 沉淀倒出；

（8）加入 800 μL 75% ~ 80%的乙醇（均可以），洗涤 DNA；

（9）10 000 r/min 离心 30 s 后，立即倒掉液体，干燥 DNA（自然风干或用风筒吹干）；

（10）加入 50 μL 双蒸水，使 DNA 溶解；

（11）提取的 DNA 样品过琼脂糖凝胶电泳。

【实验结果】

琼脂糖凝胶电泳观察 DNA 提取情况。

【思考题】

（1）CTAB 的作用是什么？
（2）液氮研磨的原理是什么？

【注意事项】

（1）液氮研磨时，小心操作，以免冻伤；
（2）所有操作均需温和，避免剧烈震荡；
（3）由于植物细胞中含有大量的 DNA 酶，因此第一步的操作应迅速，以免组织解冻，导致细胞裂解，释放出 DNA 酶，使 DNA 降解。

实验 28　动物肉制品 DNA 的提取

【实验目的】

学习和掌握用浓盐法从动物组织中提取 DNA 的原理和技术。

【实验原理】

核酸和蛋白质在生物体中以核蛋白的形式存在，其中 DNA 主要存在于细胞核中。动植物的 DNA 核蛋白能溶于水及高浓度的盐溶液（如 1 mol/L NaCl），但在 0.14 mol/L 的盐溶液中溶解度降低，而 RNA 核蛋白则溶于 0.14 mol/L 盐溶液，可利用不同浓度的氯化钠溶液，将脱氧核糖蛋白和核糖蛋白从样品中分别抽提出来。将抽提得到的脱氧核糖蛋白用 SDS（十二烷基硫酸钠）处理，DNA 即与蛋白质分开，可用氯仿将蛋白质沉淀除去，而 DNA 则溶解于溶液中。向含有 DNA 的水相中加入冷乙醇，DNA 即呈纤维状沉淀出来。

【实验材料与试剂】

1. 材　料

猪肝。

2. 试　剂

（1）0.1 mol/L NaCl-0.05 mol/L 柠檬酸钠（pH 6.8）：

称取氯化钠 5.85 g 和柠檬酸钠 14.7 g，溶于适量蒸馏水中，然后稀释定容至 1000 mL。

（2）0.015 mol/L NaCl-0.0015 mol/L 柠檬酸三钠溶液：

称取氯化钠 0.828 g 及柠檬酸三钠 0.341 g，溶于蒸馏水，稀释至 1000 mL。

（3）95%乙醇（分析纯）。

（4）NaCl 固体（分析纯）。

（5）5%SDS 溶液：

称取 SDS 5 g，溶于适量去离子水中，稀释定容至 100 mL。

（6）氯仿-异戊醇混合液：

按体积比 20∶1 配制氯仿与异戊醇的混合液。

【实验仪器】

分光光度计、匀浆器、量筒（10 mL、50 mL）、离心机、离心管、试管及试管架、移液器（1 mL）、移液器（200 μL）。

【实验内容】

（1）称取猪肝 8 g，用匀浆器磨碎（冰浴），加入相当于 2 倍肝重的 0.1 mol/L NaCl-0.05 mol/L 柠檬酸钠缓冲液，研磨三次，然后倒出匀浆物，匀浆物在 4000 r/min 下离心 10 min；沉淀中再加入 25 mL 缓冲液，于 4000 r/min 离心 20 min；取沉淀。

（2）在上述沉淀中加入 40 mL 0.1 mol/L NaCl-0.05 mol/L 柠檬酸钠缓冲液、20 mL 氯仿-异戊醇混合液、4 mL 5% SDS，使其终浓度为 0.41%，振摇 30 min，然后缓慢加固体 NaCl，使其浓度为 1 mol/L（约 3.6 g）。将上述混合液在 3500 r/min 离心 20 min，取上清水相。

（3）在上述水相溶液中加入等体积冷 95%乙醇，边加边用玻璃棒慢慢搅动，将缠绕在玻璃棒上的凝胶状物用滤纸吸去多余的乙醇，即得 DNA 粗品。用蒸馏水溶解并定容至 50 mL。

（4）提纯：将上述所得的 DNA 粗品置于 20 mL 0.015 mol/L NaCl-0.0015 mol/L 柠檬酸三钠溶液中，加入 1 倍体积的氯仿-异戊醇混合液，振摇 10 min，4000 r/min 离心 10 min，倾出上层液（沉淀弃去），加入 1.5 倍体积 95%乙醇，DNA 即沉淀析出。离心，弃去上清液，沉淀（粗 DNA）按本操作步骤重复一次。最后所得沉淀用无水乙醇洗涤 2 次，真空干燥。

【实验结果】

观察实验结果。

【思考题】

是否可见 DNA？颜色如何？有无断裂现象？

实验 29　琼脂糖凝胶电泳检测 DNA

【实验目的】

（1）学习琼脂糖凝胶电泳的基本原理。

（2）掌握使用水平式电泳仪的方法。

（3）学习在含有甲醛的凝胶上进行 RNA 电泳的方法。

【实验原理】

琼脂糖凝胶电泳是基因工程实验室中分离鉴定核酸的常规方法。核酸是两性电解质，其等电点为 pH 2～2.5，在常规的电泳缓冲液中（pH 约 8.5），核酸分子带负电荷，在电场中向正极移动。核酸分子在琼脂糖凝胶中泳动时，具有电荷效应和分子筛效应，但主要为分子筛效应。因此，核酸分子的迁移率由下列几种因素决定：

（1）DNA 的分子大小。线状双链 DNA 分子在一定浓度琼脂糖凝胶中的迁移速率与 DNA 相对分子质量对数成反比，分子越大，则所受阻力越大，也越难在凝胶孔隙中移动，因而迁移得越慢。

（2）DNA 分子的构象。当 DNA 分子处于不同构象时，它在电场中移动距离不仅和相对分子质量有关，还和它本身构象有关。相同相对分子质量的线状、开环和超螺旋质粒 DNA 在琼脂糖凝胶中移动的速度是不一样的，超螺旋 DNA 移动得最快，而开环状 DNA 移动最慢。如在电泳鉴定质粒纯度时发现凝胶上有数条 DNA 带难以确定是质粒 DNA 不同构象引起还是因为含有其他 DNA 引起时，可从琼脂糖凝胶上将 DNA 带逐个回收，用同一种限制性内切酶分别水解，然后电泳，如在凝胶上出现相同的 DNA 图谱，则为同一种 DNA。

（3）电源电压。在低电压时，线状 DNA 片段的迁移速率与所加电压成正比。但是随着电场强度的增加，不同相对分子质量的 DNA 片段的迁移率将以不同的幅度增长，片段越大，因场强升高引起的迁移率升高幅度也越大，因此电压增加，琼脂糖凝胶的有效分离范围将缩小。要使大于 2 kb 的 DNA 片段的分辨率达到最大，所加电压不得超过 5 V/cm。

（4）离子强度影响。电泳缓冲液的组成及其离子强度影响 DNA 的电泳迁移率。在没有离子存在时（如误用蒸馏水配制凝胶），电导率最小，DNA 几乎不移动；在高离子强度的缓冲液中（如误加 10 × 电泳缓冲液），则电导很高并明显产热，严重时会引起凝胶熔化或 DNA 变性。

溴化乙啶（Ethidium bromide，EB）能插入 DNA 分子中形成复合物，在波长为 254 nm 紫外光照射下 EB 能发射荧光，而且荧光的强度正比于核酸的含量，如将已知浓度的标准样品作电泳对照，就可估算出待测样品的浓度。由于溴化乙啶有致癌的嫌疑，现在开发出了安全的染料，如 Sybergreen。

常规的水平式琼脂糖凝胶电泳适合于 DNA 和 RNA 的分离鉴定；但经甲醛进行变性处理的琼脂糖电泳更适用于 RNA 的分离鉴定和 Northern 杂交，因为变性后的 RNA 是单链，其泳动速度与相同大小的 DNA 相对分子质量一样，因而可以进行 RNA 分子大小的测定，而且染色后条带更为锐利，也更牢固结合于硝酸纤维素膜上，与放射性或非放射性标记的探针发生高效杂交。

【实验材料与试剂】

1. 材　料

提取的植物 DNA 和动物 DNA。

2. 试　剂

（1）琼脂糖。

（2）50 × TAE（1000 mL）：

242 g Tris，57.1 mL 冰醋酸，18.6 g EDTA。

（3）EB 溶液：

100 mL 水中加入 1 g 溴化乙啶，磁力搅拌数小时以确保其完全溶解，分装，室温避光保存。

（4）DNA 加样缓冲液：

0.25%溴酚蓝，0.25%二甲苯青，50%甘油（*W*/*V*）。

【实验仪器】

电泳仪、水平电泳槽、样品梳子等。

【实验内容】

1. 凝胶制备 0.8%琼脂糖凝胶

称取适量琼脂糖加入 20 mL 0.5 × TBE，加热至琼脂糖全部熔化，冷却至 50 ~ 60 °C 时，加入 EB 至终浓度 0.5 μg/mL。缓慢倒入胶板，待胶凝固后拔出梳子。

2. 加　样

取 10 μL DNA 样液与 2 μL 上样 buffer 混匀,用微量移液器小心加入样品槽。

3. 电　泳

电泳接通电源，切记靠近加样孔的一端为负，电压为 1 ~ 5 V/cm（长度以两个电极之间的距离计算），待溴酚蓝移动到一定位置，停止电泳。

4. 观察和拍照

电泳完毕，取出凝胶。在波长为 254 nm 的紫外灯下观察染色后的或已加有 EB 的电泳胶板。DNA 存在处显示出肉眼可辨的橘红色荧光条带。于凝胶成像系统中拍照并保存。

【实验结果】

附上电泳结果的图片并进行正确的标注（图 2-5）。

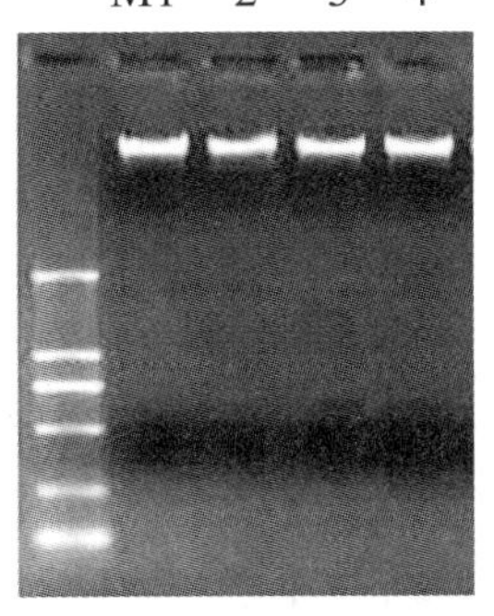

图 2-5　琼脂糖凝胶电泳结果

【思考题】

（1）琼脂糖凝胶电泳中 DNA 分子迁移率受哪些因素的影响？
（2）如果样品电泳后很久都没有跑出点样孔，你认为有哪几方面的原因？

【注意事项】

（1）DNA 缓冲液的作用：① 增加样品比重，以确保 DNA 均匀沉入加样孔内；② 形成肉眼可见的指示带，预测核酸电泳的速度和位置；③ 使样品呈色，使加样操作更方便。

（2）制备琼脂糖凝胶：按照被分离 DNA 分子的大小，决定凝胶中琼脂糖的含量。一般情况下，可参考表 2-20：

表 2-20　琼脂糖含量与被分离 DNA 分子的大小之间的关系

琼脂糖的含量/%	分离线状 DNA 分子的有效范围/kb
0.5	1 000 ~ 30 000
0.7	800 ~ 12 000
1.0	500 ~ 10 000
1.2	400 ~ 7 000
1.5	200 ~ 3 000
2.0	50 ~ 2 000

（3）胶板的制备：将胶槽置于制胶板上，插上样品梳子，注意梳子齿下缘应与胶槽底面保持 1 mm 左右的间隙，待胶溶液冷却至 50 °C 左右时，加入最终浓度为 0.5 μg/mL 的 EB（也可不把 EB 加入凝胶中，而是电泳后再用 0.5 μg/mL 的 EB 溶液浸泡染色 15 min），摇匀，轻轻倒入电泳制胶板上，除掉气泡；待凝胶冷却凝固后，垂直轻拔梳子；将凝胶放入电泳槽内，加入 1× 电泳缓冲液，使电泳缓冲液液面刚高出琼脂糖凝胶面。

（4）点样板或薄膜上混合 DNA 样品和上样缓冲液，上样缓冲液的最终稀释倍数应不小于 1×。用 10 μL 微量移液器分别将样品加入胶板的样品小槽内，每加完一个样品，应更换一个加样头，以防污染，加样时勿碰坏样品孔周围的凝胶面（注意：加样前要先记下加样的顺序和点样量）。

（5）加样后的凝胶板立即通电进行电泳，DNA 的迁移速度与电压成正比，最高电压不超过 5 V/cm。当琼脂糖浓度低于 0.5%，电泳温度不能太高。样品由负极（黑色）向正极（红色）方向移动。电压升高，琼脂糖凝胶的有效分离范围降低。当溴酚蓝移动到距离胶板下沿约 1 cm 处时，停止电泳。

（6）EB 是强诱变剂并有中等毒性，易挥发，配制和使用时都应戴手套，并且不要把 EB 洒到桌面或地面上。凡是沾污了 EB 的容器或物品必须经专门处理后才能清洗或丢弃。简单处理方法为：加入大量的水进行稀释（达到 0.5 mg/mL 以下），然后加入 0.2 倍体积新鲜配制的 5%次磷酸（由 50%次磷酸配制而成）和 0.12 倍体积新鲜配制的 0.5 mol/L 的亚硝酸钠，混匀，放置 1 d 后，加入过量的 1 mol/L 碳酸氢钠。如此处理后的 EB 的诱变活性可降至原来的 1/200 左右。

（7）由于 EB 会嵌入堆积的碱基对之间，并拉长线状和带缺口的环状 DNA，使 DNA 迁移率降低。因此，如果要准确地测定 DNA 的相对分子质量，应该采用跑完电泳后再用 0.5 μg/mL 的 EB 溶液浸泡染色的方法。

实验 30　核酸的定量测定（紫外分光光度法）

【实验目的】

（1）了解紫外分光光度法测定核酸的原理。

（2）掌握紫外分光光度法测定核酸的方法。

【实验原理】

核酸及其衍生物（核苷酸、核苷、嘌呤和嘧啶）都具有共轭双键系统，能吸收紫外光，其紫外吸收峰在 260 nm 波长处。一般在 260 nm 波长下，每 1 mL 含 1 μg RNA 溶液的吸光度为 0.022~0.024，每 1 mL 含 1 μg DNA 溶液的吸光度约为 0.020，故测定未知浓度 RNA 或 DNA 溶液在 260 nm 波长处的吸光度即可计算出其中核酸的含量。此法操作简便，迅速。若样品内混杂有大量的核苷酸或蛋白质等能吸收紫外光的物质，则测光误差较大，应设法事先除去。

【实验材料与试剂】

1. 材　料

RNA 或 DNA 干粉。

2. 试　剂

（1）钼酸铵-过氯酸沉淀剂：

取 70%过氯酸 3.6 mL 和钼酸铵 0.25 g，溶于 96.4 mL 蒸馏水中，即成 0.25%钼酸铵-2.5%过氯酸溶液。

（2）5%～6%氨水：

用 25% ~ 30%氨水稀释 5 倍。

（3）氢氧化钠溶液（0.01 mol/L）：

准确称取氢氧化钠 0.4 g，溶于适量去离子水中，稀释定容至 1000 mL。

【实验仪器】

移液管（0.5 mL，2 mL）、容量瓶（50 mL）、离心机、冰浴、分光光度计。

【实验内容】

（1）准确称取待测核酸样品 0.5 g，加少量 0.01 mol/L NaOH 调成糊状，再加适量水，用 5% ~ 6%氨水调至 pH 7.0，定容至 50 mL。

（2）取两支离心管，甲管加入 2 mL 样品溶液和 2 mL 蒸馏水，乙管加入 2 mL 样品溶液和 2 mL 沉淀剂。混匀，在冰浴上放置 30 min。

（3）3000 r/min 离心 10 min。从甲、乙两管中分别吸取 0.5 mL 上清液，用蒸馏水定容至 50 mL。选择厚度为 1 cm 的石英比色杯，在 260 nm 波长处测定 A 值。

【实验结果】

通过下式计算 RNA 或 DNA 的浓度（C）：

$$C=\frac{\Delta A_{260}}{0.024(\text{或}0.020)\times L}\times N$$

式中　ΔA_{260}——甲管稀释液在波长 260 nm 处 A 值减去乙管稀释液在波长 260 nm 处 A 值；

L——比色杯的厚度，1 cm；

N——稀释倍数；

0.024——每毫升溶液中含 1 μg RNA 的 A 值；

0.020——每毫升溶液中含 1 μg DNA 钠盐的 A 值。

$$\text{核酸含量}(\%)=\frac{1\ \text{mL待测液中测得的核酸质量}(\mu g)}{1\ \text{mL待测液中制品的质量}(\mu g)}\times 100$$

在本实验中，1 mL 待测液中制品的质量为 50 μg。

【思考题】

（1）干扰本实验的物质有哪些？
（2）如何排除这些干扰物质？

【注意事项】

蛋白质也能吸收紫外光。通常蛋白质的吸收高峰在 280 nm 波长处，在 260 nm 处的吸收值仅为核酸的 1/10 或更低，因此对于含有微量蛋白质的核酸样品，测定误差较小。RNA 在 260 nm 与 280 nm 处吸收光的比值在 2.0 以上；DNA 在 260 nm 与 280 nm 处吸收光的比值则在 1.9 左右，当样品中蛋白质含量较高时，比值下降。若样品内混有大量的蛋白质和核苷酸等吸收紫外光的物质，应设法先除去。

实验 31　核酸的定量测定（定磷法）

【实验目的】

掌握用定磷法测定核酸含量的原理与方法。

【实验原理】

核酸是一类含磷化合物，其分子含有一定比例的磷，一般纯的 RNA 及其核苷酸含磷质量分数为 9.0%；DNA 及其核苷酸含磷质量分数为 9.2%，即每 100 g 核酸含有 9.0 ~ 9.2 g 磷，也就是核酸量是含磷量的 11 倍左右，故测得磷的量，即可求得核酸量。这就是定磷法的理论依据，磷的定量测定是测定核酸含量常用手段之一。

在酸性环境中，定磷试剂中的钼酸铵以钼酸形式与样品中的磷酸反应生成磷钼酸，当有还原剂存在时磷钼酸立即转变蓝色的还原产物——钼蓝。钼蓝最大的光吸收在波长 650 ~ 660 nm 处。当使用抗坏血酸为还原剂时，测定的最适范围为 1 ~ 10 μg 无机磷。

测定样品核酸总磷量，需先将它用硫酸或过氯酸消化成无机磷再行测定。总磷量减去未消化样品中测得的无机磷量，即得核酸含磷量，由此可以计算出核酸含量。

【实验材料及试剂】

1. 材　料

核酸样品 RNA。

2. 试　剂

（1）标准磷溶液：

将磷酸二氢钾（KH_2PO_4）预先置于 100 °C 烘箱烘至恒重，然后放在干燥器内使温度降到室温。精确称取 0.8775 g，溶于少量蒸馏水中，转移至 500 mL 容量瓶中，加入 5 mL 5 mol/L 硫酸及氯仿数滴，用蒸馏水稀释至刻度，此溶液每毫升含磷 400 μg。临用时准确稀释 20 倍（20 μg/mL）。

（2）定磷试剂：

17%硫酸：17 mL 浓硫酸（比重 1.84）缓缓加入 83 mL 水中。

2.5%钼酸铵溶液：2.5 g 钼酸铵溶于 100 mL 水中。

10% 抗坏血酸溶液：10 g 抗坏血酸溶于 100 mL 水中，存于棕色瓶中放于冰箱。

将上述三种溶液与水按如下比例混合：17%硫酸、水、2.5%钼酸铵及 10% 抗坏血酸按体积比 1∶2∶1∶1，依次加试剂。溶液配制后当天使用。正常颜色呈浅黄绿色，如呈棕黄色或深绿色不能使用，抗坏血酸溶液在冰箱放置可用 1 个月。

（3）5%氨水。

（4）27%硫酸：

27 mL 硫酸（比重 1.84）缓缓倒入 73 mL 水中。

（5）30%过氧化氢。

【实验仪器】

分析天平、容量瓶（50 mL、100 mL）、台式离心机、离心管、凯氏烧瓶（50 mL）、小漏斗（ϕ4 cm）、恒温水浴锅、电炉、硬质玻璃试管、吸量管、分光光度计。

【实验内容】

1. 标准曲线的绘制

取 9 支洗净烘干的硬质玻璃试管，按表 2-21 编号并加入试剂。

表 2-21　核酸含量的测定——标准曲线的绘制

管号	0	1	2	3	4	5	6	7	8
标准磷溶液体积/mL	0	0.05	0.1	0.2	0.3	0.4	0.5	0.6	0.7
蒸馏水体积/mL	3.0	2.95	2.9	2.8	2.7	2.6	2.5	2.4	2.3
定磷试剂体积/mL	3.0	3.0	3.0	3.0	3.0	3.0	3.0	3.0	3.0
A_{660}									

加完，将试管内溶液立即摇匀，于 45 °C 恒温水浴内保温 10 min。取出冷却至室温，于波长 660 nm 处测定吸光度。

取两管平均值，以标准磷含量（μg）为横坐标、吸光度为纵坐标，绘出标准曲线。

2. 测总磷量

称取核酸样品 0.1 g，用少量蒸馏水溶解（如不溶，可滴加 5%氨水至 pH 7.0），转移至 50 mL 容量瓶中，加水至刻度（此溶液含样品 2 mg/mL）。

吸取上述样液 1.0 mL，置于 50 mL 凯氏烧瓶中，加入少量催化剂，再加 4.0 mL 浓硫酸及 3 粒玻璃珠，凯氏烧瓶中内插一小漏斗，放在通风橱内加热，消化至透明，表示消化完成。冷却，将消化液移入 100 mL 容量瓶中，用少量水洗涤凯氏烧瓶 2 次，洗涤液一并倒入容量瓶，再加水至刻度，混匀后吸取 3.0 mL 置于试管中，加定磷试剂 3.0 mL，45 °C 水浴中保温 10 min，测波长 660 nm 处的吸光度。

3. 测无机磷量

吸取样液（2 mg/mL）1.0 mL，置于 100 mL 容量瓶中，加水至刻度，混匀后吸取 3.0 mL 置于试管中，加定磷试剂 3.0 mL，45 °C 水浴中保温 10 min，测波长 660 nm 处的吸光度。

【实验结果】

（1）绘制出标准曲线。

（2）计算：

有机磷的吸光度等于总磷吸光度减去无机磷吸光度，由标准曲线查得有机磷的质量（μg），再根据测定时的取样体积，求得有机磷的质量浓度（μg/mL）。按下式计算样品中核酸的质量分数（w）：

$$w = \frac{C \times V \times 11}{m} \times 100\%$$

式中　C——有机磷的质量浓度，μg/mL；

V——样品总体积，mL；

11——因核酸中含磷量为 9%左右，1 μg 磷相当于 11 μg 核酸；

m——样品质量，μg。

【思考题】

（1）采用紫外光吸收法测定样品的核酸含量，有何优点及缺点？

（2）若样品中含有核苷酸类杂质，应如何校正？

第五节　酶类实验

实验 32　淀粉酶活性的测定

【实验目的】

（1）学习并掌握植物体内淀粉酶活性测定的原理和方法。

（2）掌握 α, β-两种淀粉酶的理化特性。

【实验原理】

淀粉酶（amylase）包括几种催化特点不同的成员，其中 α-淀粉酶随机地作用于淀粉的非还原端，生成麦芽糖、麦芽三糖、糊精等还原糖，同时使淀粉浆的黏度下降，因此又称为液化酶；β-淀粉酶每次从淀粉的非还原端切下一分子麦芽糖，又被称为糖化酶；葡萄糖淀粉酶则从淀粉的非还原端每次切下一个葡萄糖。淀粉酶产生的这些还原糖能使 3, 5-二硝基水杨酸还原，生成棕红色的 3-氨基-5-硝基水杨酸。淀粉酶活力的大小与产生的还原糖的量成正比。可以用麦芽糖制作标准曲线，用比色法测定淀粉生成的还原糖的量，以单位重量样品在一定时间内生成的还原糖的量表示酶活力。几乎所有植物中都存在有淀粉酶，特别是萌发后的禾谷类种子淀粉酶活性最强，主要是 α-和 β-淀粉酶。α-淀粉酶不耐酸，在 pH 3.6 以下迅速钝化；而 β-淀粉酶不耐热，在 70 °C 15 min 则被钝化。根据它们的这种特性，在测定时钝化其中之一，就可测出另一个的活力。本实验采用加热钝化 β-淀粉酶测出 α-淀粉酶的活力，再与非钝化条件下测定的总活力（$\alpha + \beta$）比较，求出 β-淀粉酶的活力。

【实验材料与试剂】

1. 材　料

马铃薯、香蕉等。

2. 试　剂

（1）标准麦芽糖溶液（1 mg/mL）:

精确称取 100 mg 麦芽糖，用蒸馏水溶解并定容至 100 mL。

（2）3, 5-二硝基水杨酸试剂：

精确称取 3, 5 – 二硝基水杨酸 1 g，溶于 20 mL 2 mol/L NaOH 溶液中，加入 50 mL 蒸馏水，再加入 30 g 酒石酸钾钠，待溶解后用蒸馏水定容至 100 mL。盖紧瓶塞，勿使 CO_2 进入。若溶液浑浊可过滤后使用。

（3）柠檬酸-柠檬酸钠缓冲液（pH 5.6，0.1 mol/L）:

母液 A（0.1 mol/L 柠檬酸）：称取 $C_6H_8O_7 \cdot H_2O$ 21.01 g，用蒸馏水溶解并定容至 1000 mL。

母液 B（0.1 mol/L 柠檬酸钠）：称取 $Na_3C_6H_5O_7 \cdot 2H_2O$ 29.41 g，用蒸馏水溶解并定容至 1000 mL。

取 55 mL 母液 A 与 145 mL 母液 B，混匀，即为 0.1 mol/L pH 5.6 的柠檬酸缓冲液。

（4）淀粉溶液（1%）:

称取可溶性淀粉 1 g，溶于 100 mL 0.1 mol/L pH 5.6 的柠檬酸缓冲液中。

【实验仪器】

电子天平、分光光度计、离心机、恒温水浴、具塞刻度试管（20 mL）、移液器或刻度吸管、容量瓶、研钵、离心管、试管。

【实验内容】

1. 麦芽糖标准曲线的制作

取 5 支干净的具塞刻度试管，按表 2-22 编号，加入试剂。摇匀，置沸水浴中煮沸 5 min。取出后流水冷却，加蒸馏水定容至 20 mL。以 1 号管作为空白调零点，在波长 540 nm 下比色测定。以麦芽糖含量为横坐标、吸光度值为纵坐标，绘制标准曲线，求得线性回归方程。

表 2-22　麦芽糖标准曲线的绘制数据

管号	试剂					吸光度值
	麦芽糖标准液体积/mL	蒸馏水体积/mL	麦芽糖含量/（mg/mL）	3, 5-二硝基水杨酸体积/mL		
1	0	2	0	2	沸水浴 5 min，流水冷却，蒸馏水定容至 20 mL，摇匀，测定 540 nm 处吸光度	0
2	0.5	1.5	0.25	2		
3	1	1	0.5	2		
4	1.5	0.5	0.75	2		
5	2	0	1	2		

2. 酶液制备

称取 10.0 g 果蔬组织样品，置于研钵中，加 10 mL 蒸馏水，研磨成匀浆。将匀浆倒入离心管中，混合。提取液在室温下放置提取 20 min，每隔数分钟搅动 1 次，使其充分提取。然后在 8000 r/min 下离心 20 min，将上清液倒入 50 mL 容量瓶中，加蒸馏水定容至刻度，摇匀，即为淀粉酶提取液，用于 α-淀粉酶活性和淀粉酶总活性的测定。

3. 酶活力的测定

取 6 支干净的具塞刻度试管，按表 2-23 编号，进行操作。

表 2-23　测定酶活力操作

操作项目	α-淀粉酶活性			β-淀粉酶活性		
	Ⅰ-1	Ⅰ-2	Ⅰ-3	Ⅱ-1	Ⅱ-2	Ⅱ-3
淀粉酶提取液体积/mL	1.0	1.0	1.0			
钝化 β-淀粉酶	在 70 °C 水浴中保温 15 min 后，取出后在流水中冷却					
淀粉酶提取液体积/mL				1.0	1.0	1.0
3, 5-二硝基水杨酸体积/mL	2.0	0	0	2.0	0	0
预保温	将各试管和淀粉溶液置于 40 °C 恒温水浴中保温 10 min					
40°C 1%淀粉溶液体积/mL	1.0	1.0	1.0	1.0	1.0	1.0
保温	40 °C 水浴中准确保温反应 5 min					
3, 5-二硝基水杨酸体积/mL	0	2.0	2.0	0	2.0	2.0

加入 3, 5-二硝基水杨酸试剂后，摇匀各试管，置于沸水浴中煮沸 5 min，取出后迅速冷却，加蒸馏水至 20 mL，摇匀。按照与制作标准曲线相同的方法，在波长 540 nm 下比色，测定数据及计算结果填入表 2-24。

表 2-24　测定酶活力数据

重复次数	样品质量 m/g	提取液体积 V/mL	吸取样品液体积 V_s/mL	波长 540 nm 处吸光度值						由标准曲线查得麦芽糖质量 m'/mg	样品中淀粉酶活性/[mg/(min·g)]	
				Ⅰ-1	Ⅰ-2	Ⅰ-3	Ⅱ-1	Ⅱ-2	Ⅱ-3		计算值	平均值±标准偏差
1												
2												
3												

【实验结果】

用Ⅰ-2、Ⅰ-3 吸光度平均值与Ⅰ-1 吸光度之差，Ⅱ-2、Ⅱ-3 吸光度平均值与Ⅱ-1 吸光度之差，分别在标准曲线上查出相应的麦芽糖质量，计算 α-淀粉酶的活性和淀粉酶总活性，然后在计算出 β-淀粉酶活性。淀粉酶活性以每分钟每克果蔬样品（鲜重）在酶催化作用下产生的麦芽糖的质量表示，即 mg/(min · g)。

$$\alpha\text{-淀粉酶活性}=\frac{m_\alpha \times V}{V_{\text{I}} \times t \times m}$$

$$\text{淀粉酶总活性}=\frac{m_{\text{T}} \times V}{V_{\text{II}} \times t \times m}$$

$$\beta\text{-淀粉酶活性}=\text{淀粉酶总活性}-\alpha\text{-淀粉酶活性}$$

式中　m_α——查标准曲线求得的 α-淀粉酶水解淀粉生成的麦芽糖质量，mg；

m_{T}——查标准曲线求得的（$\alpha+\beta$）淀粉酶共同水解淀粉生成的麦芽糖质量，mg；

V——淀粉酶提取液体积（α-淀粉酶为 50 mL），mL；

V_{I}——测定 α-淀粉酶时吸取酶提取液的体积，mL；

V_{II}——测定总（$\alpha+\beta$）淀粉酶时吸取酶提取液的体积，mL；

t——酶作用反应时间，min；

m——样品质量，g。

【思考题】

（1）α-淀粉酶和 β-淀粉酶性质及作用特点有何不同？

（2）在实验过程中应注意哪些问题才能将酶活性测准？

【注意事项】

（1）测定淀粉酶总活性时有时需要稀释。样品提取液的定容体积和酶液稀释倍数可根据不同材料酶活性的大小而定。

（2）3, 5-二硝基水杨酸试剂是强碱性试剂，向淀粉原酶液和稀释液中分别先加入 3, 5-二硝基水杨酸试剂（Ⅰ-1、Ⅱ-1 号试管），可以钝化酶活性，作为空白对照。

（3）为了确保酶促反应时间的准确性，在进行保温这一步骤时，可以将各试管每隔一定时间一次放入恒温水浴，准确记录时间，到达 5 min 时取出试管，立即加入 3, 5-二硝基水杨酸试剂以终止酶反应，以便尽量减少因各试管保温时间不同而引起的误差。

（4）同时恒温水浴温度变化应不超过±0.5 °C。酶反应需要适当的温度，只有在一定的温度条件下才表现出最大活性。40 °C 是淀粉酶的最适温度，所以应将酶液和底物（淀粉液）先分别保温至最适温度，然后进行酶反应，这样才能使测得的数据更加准确。

实验 33　果胶酶活性的测定（比色法）

【实验目的】

（1）了解果蔬食品中果胶酶的作用。

（2）学习并掌握比色法测定果蔬组织中多聚半乳糖醛酸酶活性的原理和方法。

【实验原理】

果胶酶（pectinase）是一类复合酶，是指分解果胶物质的多种酶的总称，主要包括多聚半乳糖醛酸酶（poly galacturonase，PG）、果胶甲酯酶（pectin methyl esterase，PME）和果胶裂解酶（pectin lyase，PL）等。其中，PG 通过水解作用和反式消去作用，能切断果胶分子中的 α-1, 4-糖苷键，将果胶分子水解为带有还原性醛基的半乳糖醛酸。3, 5-二硝基水杨酸试剂可与其发生显色反应。根据颜色的深浅程度，可以通过分光光度法测定 PG 活性的大小。

【实验材料与试剂】

1. 材　料

苹果、柑橘、桃、香蕉等。

2. 试　剂

（1）乙酸-乙酸钠缓冲液（pH 5.5，50 mmol/L）：

母液 A（0.2 mol/L 乙酸溶液）：量取 11.55 mL 冰醋酸，加蒸馏水稀释至 1000 mL。

母液 B（0.2 mol/L 乙酸钠溶液）：称取 16.4 g 无水乙酸钠（或称取 27.2 g 三水合乙酸钠），用蒸馏水溶解，稀释至 1000 mL。

取6.8 mL母液A和43.2 mL母液B混合后，调节pH至5.5，稀释至200 mL，即为50 mmol/L pH 5.5乙酸-乙酸钠缓冲液。

（2）提取缓冲液（含1.8 mol/L氯化钠）：

称取10.5 g氯化钠，用50 mmol/L pH 5.5乙酸-乙酸钠缓冲液溶解，稀释至100 mL，摇匀。

（3）多聚半乳糖醛酸溶液（10 g/L）：

称取1.0 g多聚半乳糖醛酸，溶于100 mL 50 mmol/L pH 5.5乙酸-乙酸钠缓冲液中。

（4）3, 5-二硝基水杨酸试剂：

① 配制500 mL含有185 g酒石酸钾钠的热水溶液；

② 配制262 mL的2 mol/L氢氧化钠溶液；

③ 称取6.3 g的3, 5-二硝基水杨酸；

④ 称取5.0 g结晶酚；

⑤ 称取5.0 g亚硫酸钠；

⑥ 将②③④⑤各成分加入①中，搅拌，使之溶解。待冷却后，转入1000 mL容量瓶中，并用蒸馏水定容至刻度，贮于棕色瓶中备用。盖紧瓶塞，勿使二氧化碳进入。若溶液混浊，可过滤后使用。

（5）葡萄糖标准液（1 mg/mL）：

准确称取100 mg分析纯葡萄糖（预先在80 °C烘至恒重），置于小烧杯中，用少量蒸馏水溶解后，转移到100 mL的容量瓶中，以蒸馏水定容至刻度，摇匀，冰箱中保存备用。

（6）95%乙醇。

（7）80%乙醇溶液。

【实验仪器】

研钵、高速冷冻离心机、移液器、离心管、分光光度计、具塞刻度试管（25 mL）、水浴锅、容量瓶。

【实验内容】

1. 制作标准曲线

取7支具塞刻度试管，按表2-25编号，加入试剂。将各管摇匀，在沸水浴中加热 5 min，取出后立即放入盛有冷水的烧杯中冷却至室温，再以蒸馏水定容至 25 mL 刻度处，混匀。在波长 540 nm 处，用 0 号管作为参比调零，测定显色液的吸光度值。以吸光度值为纵坐标，葡萄糖质量为横坐标，绘制标准曲线，求得线性回归方程。

表 2-25　果胶酶活性测定标准曲线的测绘

管号	试剂			
	1 g/L 葡萄糖标准液体积/mL	蒸馏水体积/mL	3, 5-二硝基水杨酸体积/mL	相当于葡萄糖量/mg
0	0	2.0	1.5	0
1	0.2	1.8	1.5	0.2
2	0.4	1.6	1.5	0.4
3	0.6	1.4	1.5	0.6
4	0.8	1.2	1.5	0.8
5	1.0	1.0	1.5	1.0
6	1.2	0.8	1.5	1.2

2. 酶液制备

称取 10.0 g 果蔬样品，置于经预冷的研钵中，加入 20 mL 经预冷的 95%乙醇，在冰浴条件下研磨匀浆后，全部转入离心管中，低温放置 10 min，然后于 4 °C、12 000 × g 离心 20 min。倾去上清液，向沉淀物中再加入 10 mL 经预冷的 80%乙醇，震荡，低温放置 10 min，然后再相同条件下离心。再倾去上清液，向沉淀物中加入 5 mL 经预冷的提取缓冲液，于 4 °C 放置提取 20 min，再经过离心后收集上清液即为酶提取液，4 °C 保存备用。

3. 酶活性测定

取 2 支 25 mL 具塞刻度试管，每支试管中都分别加入 1.0 mL 50 mmol/L pH 5.5 乙酸-乙酸钠缓冲液和 0.5 mL 10 g/L 多聚半乳糖醛酸溶液。再往其中一支试管中加入 0.5 mL 酶提取液，另一支试管中加入 0.5 mL 经煮沸 5 min 的酶提取液作为对照，混合均匀后置于 37 °C 水浴中保温 1 h。保温后，迅速加入 1.5 mL 3, 5-二硝基水杨酸试剂，在沸水浴中加热 5 min。然后迅速冷却至室温，以蒸馏水稀释至 25 mL 刻度处，混匀。在波长 540 nm 处按照与制作标准曲线相同的方法比色，测定各管中溶液的吸光度值。重复 3 次。测定数据记录到表 2-26 中：

表 2-26　果胶酶活性测定数据

重复次数	样品质量 m/g	提取液体积 V/mL	吸取样品液体积 V/mL	波长 540 nm 处吸光度值			由标准曲线查得葡萄糖质量 m'/mg	样品中 PG 活性 /[μg/(h · g)]	
				对照	样品	样品-对照		计算值	平均值±标准偏差
1									
2									
3									

【实验结果】

根据样品反应管和对照管溶液吸光度值的差值，从标准曲线上差得相应葡萄糖质量。多聚半乳糖醛酸酶（PG）活性以每小时每克果蔬组织样品（鲜重）在 37 °C 催化多聚半乳糖醛酸水解生成半乳糖醛酸的质量表示，即 μg/(h · g)。计算公式：

$$多聚半乳糖醛酸酶活性=\frac{m'\times V\times 1.08\times 1000}{V_s\times t\times m}$$

式中　m'——从标准曲线查得的葡萄糖质量，mg；

V——样品提取液总体积，mL；

V_s——测定时所取样品提取液体积，mL；

t——酶促反应时间，h；

m——样品质量，g；

1.08——葡萄糖换算成半乳糖醛酸的系数（= 194/180）。

也可以每小时在 37 °C 催化多聚半乳糖醛酸水解生成 1 μg 半乳糖醛酸所需的酶量表示 PG 活性，即 μg/(h · mg)蛋白质。酶提取液中蛋白质的含量可用考马斯亮蓝染色法测得。

【思考题】

影响多聚半乳糖醛酸酶提取效果的因素有哪些？

【注意事项】

（1）在酶液制备过程中，为了将样品中的蛋白质沉淀出来，还可用冷的丙酮进行蛋白质的沉淀操作。

（2）酶促反应时间、温度条件必须严格控制，否则会产生较大误差。为减少误差，应特别注意以下两步操作：① 果胶溶液先在 37 °C 恒温水浴中预热 5 min。酶液在 37 °C 恒温水浴中预热 2 min 后，加入预热过的果胶溶液，迅速混合、计时。这样可使反应一开始就在预定条件下进行。② 在酶促反应结束时，应迅速操作。

（3）因为在配制 3, 5-二硝基水杨酸（DNS）时，加入了氢氧化钠，而使得 DNS 试剂的碱性非常强，强碱抑制了果胶酶的活性。可以利用加入的 DNS 试剂来终止保温后的酶促反应。

（4）一般可以用葡萄糖作为还原糖计算各种还原性醛基时，用相应的产物半乳糖醛酸来制作标准曲线。

（5）对于某些果蔬样品，以 50 mmol/L pH 4.5 乙酸-乙酸钠缓冲液作为反应缓冲液，测定效果会更好些。

实验 34　果胶酶活性的测定（碘液滴定法）

【实验目的】

掌握碘液滴定法测定果蔬组织中果胶酶活性的原理和方法。

【实验原理】

果胶酶彻底水解果胶生成的半乳糖醛酸，在碱性溶液中可与碘（过量）发生反应。反应后剩余碘的量可通过硫代硫酸钠溶液滴定进行测定，进而计算出酶解反应中产生的半乳糖醛酸的量，用来衡量果胶酶活性的大小。

【实验材料与试剂】

1. 材　料

苹果、柑橘、梨等。

2. 试　剂

（1）0.1 mol/L pH 4.5 乙酸-乙酸钠缓冲液（含 0.2 mol/L 氯化钠）：

母液 A（0.2 mol/L 乙酸溶液）：量取 11.55 mL 冰醋酸，加蒸馏水稀释至 1000 mL。

母液 B（0.2 mol/L 乙酸钠溶液）：称取 16.4 g 无水乙酸钠（或称取 27.2 g 三水合乙酸钠），用蒸馏水溶解，稀释至 1000 mL。

取 57 mL 母液 A 和 43 mL 母液 B 混合后，调节 pH 至 4.5，稀释至 200 mL，即为 0.1 mol/L pH 4.5 乙酸-乙酸钠缓冲液。

称取 10.5 g 氯化钠，用 0.1 mol/L pH 4.5 乙酸-乙酸钠缓冲液溶解、稀释至 100 mL，摇匀即可。

（2）10 g/L 果胶（多聚半乳糖醛酸）溶液：

称取 1.0 g 果胶，加热水溶液，煮沸。冷却后过滤，调节 pH 至 3.5，定容至 100 mL。

（3）碳酸钠溶液（1 mol/L）：

称取 10.6 g 碳酸钠溶于适量水中，定容至 100 mL。

（4）碘-碘化钾溶液（0.1 mol/L）：

称取 25 g 碘化钾，溶于 200 mL 水中，再迅速称取 12.7 g 结晶碘，置于烧杯中，将溶解的碘化钾溶液倒入其中，用玻璃棒搅拌直至碘完全溶解后，转入 1000 mL 容量瓶中，定容至刻度，混匀，贮于磨口试剂瓶。

（5）硫酸溶液（1 mol/L）：

取 1 mL 浓硫酸，稀释到 18 mL。

（6）硫代硫酸钠溶液（50 mmol/L）：

称取 12.4 g 五水合硫代硫酸钠，溶于新煮沸冷却的蒸馏水中，稀释至 1000 mL。再加入 0.2 g 碳酸钠，标定。贮于棕色瓶中，若储存的时间过长，使用前需要重新标定。

硫代硫酸钠滴定液（50 mmol/L）的标定：精确称取 0.15 g 经 120 °C 干燥至恒重的基准重铬酸钾置于碘瓶中，加 50 mL 蒸馏水溶解，再加入 2.0 g 碘化钾，轻轻振摇使溶解，最后加入 40 mL 1 mol/L 硫酸溶液，摇匀，密塞后在暗处放置 10 min。然后加入 250 mL 蒸馏水稀释。用硫代硫酸钠滴定液（50 mmol/L）滴定至近终点时，加 3 mL 淀粉指示剂，继续滴定至蓝色消失而显亮绿色，并将滴定的结果用空白试验校正。每 1 mL 的硫代硫酸钠滴定液（50 mmol/L）相当于 2.452 mg 的重铬酸钾。根据硫代硫酸钠溶液的消耗量与重铬酸钾的取用量，算出本液的浓度即可。在室温 25 °C 以上时，应将反应液及稀释用水降温至约 20 °C。

（7）淀粉指示剂（0.5%）：

称取 0.5 g 可溶性淀粉，用少量蒸馏水调成浆状后，再加入 80 mL 蒸馏水，煮沸至透明状，冷却后稀释至 100 mL。

【实验仪器】

研钵、高速冷冻离心机、移液器、离心管、水浴锅、滴定管、三角瓶。

【实验内容】

1. 酶液制备

称取 10.0 g 果蔬样品，置于经预冷的研钵中，加入 20 mL 经预冷的 95%

乙醇，在冰浴条件下研磨匀浆后，全部转入离心管中，低温放置 10 min，然后于 4 °C、12 000 × *g* 离心 20 min。倾去上清液，向沉淀物中再加入 10 mL 经预冷的 80%乙醇，震荡，低温放置 10 min，然后再相同条件下离心。再倾去上清液，向沉淀物中加入 5 mL 经预冷的提取缓冲液，于 4 °C 放置提取 20 min，再经过离心后收集上清液即为酶提取液，4 °C 保存备用。

2. 酶活性测定

取 6.0 mL 10 g/L 果胶溶液，加入 1.0 mL 酶液，在 50 °C 水浴中保温 2 h 后取出，加热煮沸 3 min。待冷却后，取 5.0 mL 反应液移入三角瓶中，加入 1.0 mL 1 mol/L 碳酸钠溶液和 5.0 mL 0.1 mol/L 碘-碘化钾溶液，摇匀，加塞，于室温下避光放置 20 min。然后，加入 2.0 mL 1 mol/L 硫酸溶液，立即用 50 mmol/L 硫代硫酸钠溶液滴定至淡黄色后，加入 1.0 mL 5 g/L 淀粉指示剂，继续滴定至蓝色消失为止。记录所消耗的硫代硫酸钠溶液体积（V_n）。

空白试验中，取 6.0 mL 10 g/L 果胶溶液，加入 1.0 mL 酶液后立即加热煮沸 3 min。待冷却后，直接从中取 5.0 mL 混合液移入三角瓶中，进行相同操作，然后滴定，记录消耗的硫代硫酸钠溶液体积（V_b）。

【实验结果】

1. 测定数据记录（表 2-27）

表 2-27 果胶酶活性测定数据

重复次数	样品质量 m/g	提取液体积 V/mL	吸取样品液体积 V/mL	硫代硫酸钠溶液消耗量/mL		硫代硫酸钠溶液浓度 c/(mol/L)	样品中果胶酶活性/[μmol/(h·g)]	
				样品 V_n	空白 V_b		计算值	平均值±标准偏差
1								
2								
3								

2. 计算结果

在上述条件下，将每克果蔬组织（鲜重）中果胶酶每小时催化果胶分解生成 1 μmol 游离半乳糖醛酸定为一个酶活性单位，单位是 μmol/(h·g)。计算公式：

$$V=\frac{(V_b-V_n)\times c\times V\times 0.51\times 10^9}{V_s\times t\times m}$$

式中　c——硫代硫酸钠溶液的浓度，mol/L；

V_b——空白滴定消耗硫代硫酸钠溶液体积，mL；

V_n——样品滴定消耗硫代硫酸钠溶液体积，mL；

0.51——1 mol 硫代硫酸钠相当于 0.51 mol 游离半乳糖醛酸；

V——果胶酶提取液总体积，mL；

V_s——吸取样液体积，mL；

t——酶促反应时间，h；

m——样品质量，g。

实验 35　胰蛋白酶活性的测定

【实验目的】

掌握测定胰蛋白酶活性的原理与方法。

【实验原理】

胰蛋白酶的分子量为 23.7 kD，主要水解肽链中碱性氨基酸与其他氨基酸相连接的肽键，此外还能水解碱性氨基酸形成酯键，如把人工合成的 N-苯甲酰-L-精氨酸乙酯（BAEE）水解为 H-苯甲酰-L-精氨酸（BA）。胰蛋白酶在催化该反应中，产物 BA 在波长 253 nm 处的光吸收远大于 BAEE，因此可以在实验起始点把 253 nm 的吸光度调为零，然后记录反应体系对 253 nm 的吸光度的增量，并把这个增量作为测定胰蛋白酶的活性指标。

胰蛋白酶活力单位的定义规定为：以 BAEE 为底物反应液，pH 8.0，25 °C，反应体积 3.0 mL，光径 1 cm 的条件下，在波长 253 nm 处测定吸光度，使吸光度每分钟增加 0.001，反应液中所加入的酶量为 1 个 BAEE 单位。

【实验材料与试剂】

（1）标准胰蛋白酶：

取胰蛋白酶样品 10 mg，加入 1 mL 去离子水中，充分溶解后，放入冰中保存。

（2）N-苯甲酰-L-精氨酸乙酯（2.0 mmol/L）。

（3）Tris-HCl 缓冲液（0.1 mol/L，pH 8.0）。

【实验仪器】

电子天平、紫外分光光度计、微量加样器。

【实验内容】

按照表 2-28 的顺序进行操作，在进行样品测定时，加入酶液后立即盖上盖迅速混匀计时，每半分钟读数一次，共读 3 ~ 4 min。测得的结果使吸光度控制在 0.05 ~ 0.100 为宜，若偏离此范围则要适当增减酶量（5 ~ 20 μL，空白实验相应增减等体积水）后重新测定，一直到吸光度落在 0.05 ~ 0.100 为止。

表 2-28　胰蛋白酶活性测定操作

试剂	空白对照	待测样品
0.1 mol/L Tris-HCl 缓冲液，pH 8.0	1.5 mL	1.5 mL
2.0 mmol/L BAEE	1.5 mL	1.5 mL
25 °C 预热 5 min		
胰蛋白酶（10 mg/mL）	0 μL	10 μL
蒸馏水	10 μL	0 μL
充分摇匀		
波长 253 处吸光度	0	

【实验结果】

胰蛋白酶活性计算：

$$胰蛋白酶活性=\frac{每分钟吸光度增量}{0.001\times 酶液加入体积（mL）}\times 稀释倍数$$

实验 36 过氧化氢酶活性的测定

【实验目的】

（1）了解过氧化氢酶的作用。

（2）掌握植物性食品原料中过氧化氢酶活性的测定原理和方法。

【实验原理】

过氧化氢酶（catalase，CAT）属于血红蛋白酶，含有铁，普遍存在于植物体内。它的活性与植物的代谢强度及抗旱、抗寒、抗病等抗逆能力有关。过氧化氢酶能催化植物体内积累的过氧化氢（H_2O_2）分解为水和分子氧，从而减少 H_2O_2 对植物组织可能造成的氧化伤害。

过氧化氢酶催化 H_2O_2 分解为水和分子氧的过程中起到电子传递作用，而 H_2O_2 既是氧化剂又是还原剂。因此，可根据反应过程中过氧化氢的消耗量来测定过氧化氢酶的活性。过氧化氢在 240 nm 波长处具有强烈吸收，可以根据测量过氧化氢吸光率的变化速度计算出过氧化氢酶的活性。

【实验材料与试剂】

1. 材　料

果蔬叶片等。

2. 试　剂

（1）0.2 mol/L pH 7.8 磷酸缓冲液（内含 1%聚乙烯吡咯烷酮）;

（2）0.1 mol/L H_2O_2（用 0.1 mol/L 高锰酸钾标定）。

【实验仪器】

紫外分光光度计、离心机、研钵、容量瓶（25 mL）、移液管（0.5 mL、2 mL 各 2 支）、试管（10 mL，3 支）、恒温水浴。

【实验内容】

1. 酶提取液

称取叶片 0.5 g 置于研钵中，加入 2 ~ 3 mL 4 °C 下预冷的 pH 7.8 的磷酸缓冲液和少量石英砂，研磨成为匀浆后，转入 25 mL 容量瓶中，并用缓冲溶液清洗研钵数次，合并冲洗液，并定容至刻度。混合均匀将容量瓶置于 5 °C 冰箱中静置 10 min，取上部澄清液在 4000 r/min 下离心 15 min，上清液即为过氧化氢酶粗提液。5 °C 下保存备用。

2. 测　定

取 10 mL 试管 3 支，其中 2 支为样品测定管，1 支为空白管，按表 2-29 顺序加入试剂。

表 2-29　紫外吸收法测定 H2O2 样品配制表

管号	S1	S2	S3
粗酶液体积/mL	0.0	0.2	0.2
pH 7.8 磷酸缓冲液体积/mL	1.5	1.5	1.5
蒸馏水体积/mL	1.0	0.8	0.8

在 25 °C 预热后，逐管加入 0.3 mL 0.1 mol/L 的 H_2O_2，每加完一管立即计时，并迅速倒入石英比色杯中，在波长 240 nm 下测定吸光度，每隔 1 min 读数 1 次，共测 4 min，测完后，按下式计算酶活性。

【实验结果】

以 1 min 内在波长 240 nm 处减少 0.1 的酶量为 1 个酶活单位（U）。过氧化氢酶活性的单位为 U/(g · min)

$$\text{过氧化氢酶活性}=\frac{\Delta A_{240}\times V_t}{0.1\times V_1\times t\times m}$$

$$\Delta A_{240} = A_{s0} - \frac{A_{s1} - A_{s2}}{2}$$

式中 A_{s0}——加入煮死酶液的对照管吸光度；

A_{s1}，A_{s2}——样品管吸光度；

V_t——粗酶提取液总体积，mL；

V_1——测定用粗酶液体积，mL；

m——样品鲜重，g；

0.1——A_{240} 每下降 0.1 为 1 个酶活单位，U；

t——加过氧化氢到最后一次读数时间，min。

【思考题】

（1）影响过氧化氢酶活性测定的因素有哪些？

（2）过氧化氢酶与哪些生化过程有关？

【注意事项】

凡是在波长 240 nm 处有强吸收的物质对本实验都有干扰。

实验 37　过氧化物酶活性的测定

【实验目的】

（1）通过本实验了解过氧化物酶的作用。
（2）掌握利用愈创木酚法测定果蔬组织中过氧化物酶活性的原理和方法。

【实验原理】

过氧化物酶（peroxidase，POD）是果蔬体内普遍存在的一种活性较高的氧化还原酶，它与果蔬的许多生理生化过程都有密切关系。在果蔬的生长发育、成熟衰老、抗病、抗氧化、抗逆境胁迫中，过氧化物酶活性不断发生变化。在受到外界刺激、病原菌浸染、贮藏环境变化、加工条件改变等作用时，果蔬组织中过氧化物酶活性都会做出相应的应答反应。

过氧化物酶催化过氧化氢（H_2O_2）氧化酚类物质产生醌类化合物。这些化合物进一步缩合，或与其他分子缩合形成颜色较深的化合物。在过氧化物酶催化作用下，过氧化氢能将愈创木酚（邻甲氧基苯酚）氧化形成 4-邻甲氧基苯酚。该产物呈红棕色，在波长 470 nm 处有最大光吸收值，因此，可通过比色法测定过氧化物酶的活性。

【实验材料与试剂】

1. 材　料

各种水果和蔬菜。

2. 试　剂

（1）乙酸-乙酸钠缓冲液（0.1 mol/L，pH 5.5）：

母液 A（200 mmol/L 乙酸溶液）：量取 11.55 mL 冰醋酸，加蒸馏水稀释至 1000 mL。

母液 B（200 mmol/L 乙酸钠溶液）：称取 16.4 g 无水乙酸钠（或称取 27.2 g 三水合乙酸钠），用蒸馏水溶解，定容至 1000 mL。

取 68 mL 母液 A 和 432 mL 母液 B 混合后，调节 pH 至 5.5，加蒸馏水稀释至 1000 mL。

（2）提取缓冲液（含 1 mmol PEG、4% PVPP 和 1% TritonX-100）：

称取 340 mg PEG6000（聚乙二醇 6000）、4 g PVPP（聚乙烯吡咯烷酮），取 1 mL TritonX-100 用 0.1 mol/L、pH 5.5 乙酸-乙酸钠缓冲液溶解，稀释至 100 mL。

（3）愈创木酚溶液（25 mmol/L）：

取 320 μL 愈创木酚，用 50 mmol/L pH 5.5 乙酸缓冲液稀释至 100 mL。

（4）过氧化氢溶液（0.5 mol/L）：

取 1.42 mL 30% 过氧化氢溶液（30% 过氧化氢溶液的浓度约为 17.6 mol/L），用 50 mmol/L pH 5.5 乙酸缓冲液稀释至 50 mL。现用现配，避光保存。

【实验仪器】

研钵、高速冷冻离心机、分光光度计、秒表、移液器、离心管、试管、容量瓶（50 mL、100 mL、1000 mL）。

【实验内容】

1. 酶提取液

称取 0.5 g 果蔬组织样品置于研钵中，加入 5.0 mL 提取缓冲液，在冰浴条件下研磨成为匀浆，于 4 °C、12 000 × *g* 离心 30 min，收集上清液即为酶提取液，低温保存备用。

2. 活性测定

取一支试管，加入 3.0 mL 25 mmol/L 愈创木酚溶液和 0.5 mL 酶提取液，再加入 200 μL 0.5 mol/L 过氧化氢溶液，迅速混合，启动反应，同时立即开始计时。将反应混合液倒入比色杯中，置于分光光度计样品室中。以蒸馏水为参比，在反应 15 s 时开始记录反应体系在波长 470 nm 处吸光度值，作为初始值，然后每隔 1 min 记录一次，连续测定，至少获取 6 个点的数据。重复三次。测定数据记录到表 2-30 中：

表 2-30　过氧化物酶活性测定

<table>
<tr><th rowspan="2">重复次数</th><th rowspan="2">样品质量 m/g</th><th rowspan="2">提取液体积 V/mL</th><th rowspan="2">吸取样品液体积 V/mL</th><th colspan="7">波长 470 nm 处吸光度值</th><th colspan="2">样品中过氧化物酶活性/[ΔOD_{470}/(min·g)]</th></tr>
<tr><th>OD_0</th><th>OD_1</th><th>OD_2</th><th>OD_3</th><th>OD_4</th><th>OD_5</th><th>ΔOD</th><th>计算值</th><th>平均值±标准偏差</th></tr>
<tr><td>1</td><td></td><td></td><td></td><td></td><td></td><td></td><td></td><td></td><td></td><td></td><td></td><td></td></tr>
<tr><td>2</td><td></td><td></td><td></td><td></td><td></td><td></td><td></td><td></td><td></td><td></td><td></td><td></td></tr>
<tr><td>3</td><td></td><td></td><td></td><td></td><td></td><td></td><td></td><td></td><td></td><td></td><td></td><td></td></tr>
</table>

【实验结果】

记录反应体系在波长 470 nm 处的吸光度值，制作 OD_{470} 值随时间变化曲线，根据曲线的初始线性部分计算每分钟吸光度变化值 OD_{470}。

$$\Delta OD_{470}=\frac{OD_{470f}-OD_{470i}}{t_f-t_i}$$

式中　OD_{470}——每分钟反应吸光度变化值；

OD_{470f}——反应混合液吸光度终止值；

OD_{470i}——反应混合液吸光度初始值；

t_f——反应终止时间，min；

t_i——反应起始时间，min。

以每克果蔬样品（鲜重）每分钟吸光度变化值增加 1 时为 1 个过氧化物酶活性单位，单位是 ΔOD_{470}/(min·g)。计算公式：

$$V=\frac{\Delta OD_{470}\times V}{V_s\times m}$$

式中　V——样品提取液总体积，mL；

V_s——测定时所取样品提取液体积，mL；

m——样品质量，g。

【思考题】

（1）果蔬组织中过氧化物酶有哪些方面的作用?

（2）讨论过氧化物酶活性测定数据的记录与处理的特点及意义。

【注意事项】

（1）应进行预实验。测定每分钟反应体系的吸光度值的变化，确定该酶促反应速度呈线性变化（初级反应）的时间段。这样，只测定某一段时间内反应液的初始吸光度值（OD_i）和最终值（OD_f）这两个数据，就可以计算出每分钟吸光度值的变化量。

（2）在提取缓冲液中加入 PEG、PVPP 和 Triton X-100 等是为了提高酶蛋白的溶解性，减少提取过程中酶活性的损失。

实验 38 多酚氧化酶活性的测定

【实验目的】

（1）了解多酚氧化酶的作用。

（2）掌握果蔬组织中多酚氧化酶活性的测定方法。

【实验原理】

多酚氧化酶（polyphenol oxidase，PPO）是一种以铜为辅基的酶，能催化多种简单酚类物质氧化形成醌类化合物，醌类化合物进一步聚合形成呈褐色、棕色或黑色的聚合物。在后熟衰老过程或在采后的贮藏加工过程中，果蔬出现的组织褐变与组织中的多酚氧化酶活性密切相关。

多酚氧化酶催化邻苯二酚氧化形成的产物在波长 420 nm 处有最大光吸收峰。因此，可利用比色法测定多酚氧化酶的活性。

【实验材料与试剂】

1. 材 料

梨、苹果、马铃薯等。

2. 试 剂

（1）乙酸-乙酸钠缓冲液（0.1 mol/L，pH 5.5）：

母液 A（200 mmol/L 乙酸溶液）：量取 11.55 mL 冰醋酸，加蒸馏水稀释至 1000 mL。

母液 B（200 mmol/L 乙酸钠溶液）：称取 16.4 g 无水乙酸钠（或称取 27.2 g 三水合乙酸钠），用蒸馏水溶解，定容至 1000 mL。

取 68 mL 母液 A 和 432 mL 母液 B 混合后，调节 pH 至 5.5，加蒸馏水稀释至 1000 mL。

（2）提取缓冲液（含 1 mmol PEG、4% PVPP 和 1% TritonX-100）:

称取 340 mg PEG6000（聚乙二醇 6000）、4 g PVPP（聚乙烯吡咯烷酮），取 1 mL TritonX-100，用 0.1 mol/L pH 5.5 乙酸-乙酸钠缓冲液溶解，稀释至 100 mL。

（3）邻苯二酚溶液（50 mmol/L）:

称取 275 mg 邻苯二酚，用 0.1 mol/L pH 5.5 乙酸-乙酸钠缓冲液溶解、稀释至 50 mL。

【实验仪器】

研钵、高速冷冻离心机、分光光度计、计时器、移液器、离心管、试管、容量瓶（100 mL、1000 mL）。

【实验内容】

1. 酶提取液

称取 0.5 g 果蔬组织样品置于研钵中，加入 5.0 mL 提取缓冲液，在冰浴条件下研磨成为匀浆，于 4 °C、12 000 × *g* 离心 30 min，收集上清液即为酶提取液，低温保存备用。

2. 活性测定

取一支试管，加入 4.0 mL 50 mmol/L pH 5.5 的乙酸-乙酸钠缓冲液和 1.0 mL 50 mmol/L 邻苯二酚溶液，最后加入 100 μL 酶提取液，同时立即开始计时。将反应混合液倒入比色杯中，置于分光光度计样品室中。以蒸馏水为参比，在反应 15 s 时开始记录反应体系在波长 420 nm 处吸光度值，作为初始值，然后每隔 1 min 记录一次，连续测定，至少获取 6 个点的数据。重复三次。测定数据记录到表 2-31 中。

【实验结果】

记录反应体系在波长 420 nm 处的吸光度值，制作 OD_{420} 值随时间变化曲线，根据曲线的初始线性部分计算每分钟吸光度变化值 OD_{420}。

表 2-31　多酚氧化酶活性测定数据

重复次数	样品质量 m/g	提取液体积 V/mL	吸取样品液体积 V/mL	波长 420 nm 处吸光度值							样品中多酚氧化酶活性 /[ΔOD_{470}/(min · g)]	
				OD_0	OD_1	OD_2	OD_3	OD_4	OD_5	ΔOD	计算值	平均值±标准偏差
1												
2												
3												

$$\Delta OD_{420}=\frac{OD_{420f}-OD_{420i}}{t_f-t_i}$$

式中　OD_{420}——每分钟反应吸光度变化值；

OD_{420f}——反应混合液吸光度终止值；

OD_{420i}——反应混合液吸光度初始值；

t_f——反应终止时间，min；

t_i——反应起始时间，min。

以每克果蔬样品（鲜重）每分钟吸光度变化值增加 1 时为 1 个过氧化物酶活性单位，单位是 ΔOD_{420}/(min · g)。计算公式：

$$V=\frac{\Delta OD_{420}\times V}{V_s\times m}$$

式中　V——样品提取液总体积，mL；

V_s——测定时所取样品提取液体积，mL；

m——样品质量，g。

【思考题】

随着反应时间的延长，多酚氧化酶活性将呈现什么样的变化？

【注意事项】

应进行预实验，测定每分钟反应体系的吸光度值的变化，确定该酶促反应速度呈线性变化（初级反应）的时间段。这样，只测定某一段时间内反应溶液的初始吸光度值（OD_0）和最终值（OD_1）这两个数据，就可以计算每分钟吸光度值变化的增加量。

实验 39　脂氧合酶活性的测定

【实验目的】

（1）了解脂氧合酶的作用。
（2）掌握果蔬组织中脂氧合酶活性的测定方法。

【实验原理】

脂氧合酶（lipoxygenase，LOX）是一种含非血红素铁的蛋白质，专一催化具有顺、顺-1, 4-戊二烯结构的多元不饱和脂肪酸的加氧反应，生成具有共轭双键的过氧化物。脂氧合酶在植物中普遍存在，其作用的底物主要为来自细胞质膜的多元不饱和脂肪酸，如亚油酸、甲基亚油酸、亚麻酸及花生四烯酸等。脂氧合酶与果蔬细胞脂质的过氧化作用、后熟衰老过程的启动和逆境胁迫、伤诱导、病原侵染信号的产生和识别等关系密切，被认为是引起果蔬后熟衰老的一类重要的酶。

脂氧合酶能催化含有顺、顺-1, 4-戊二烯结构的多不饱和脂肪酸的加合氧分子反应，生成的初期产物具有共轭二烯结构，产物中的共轭双键在波长 234 nm 处具有特征吸收。因此，利用分光光度计可以测定脂氧合酶活性大小。

【实验材料与试剂】

1. 材　料

番茄、桃、猕猴桃等。

2. 试　剂

（1）亚油酸钠溶液：

方法一：称取亚油酸钠（分析纯），直接配制 0.1 mol/L 亚油酸钠溶液。

方法二：取 0.5 mL 亚油酸（化学纯），加入 10 mL 蒸馏水中，再加入 0.25 mL Tween-20，摇匀。再逐滴滴加 1 mol/L 氢氧化钠溶液，摇动至溶液变得清亮。然后用蒸馏水稀释至 100 mL，即为 0.5%（体积分数）亚油酸钠溶液。

（2）磷酸钠缓冲液（0.1 mol/L，pH 6.8）：

母液 A（0.2 mol/L 磷酸氢二钠溶液）：称取 35.61 g 二水合磷酸氢二钠或 53.65 g 七水合磷酸氢二钠或 71.64 g 十二水合磷酸氢二钠，溶解，稀释至 1000 mL。

母液 B（0.2 mol/L 磷酸二氢钠溶液）：称取 27.60 g 一水合磷酸二氢钠或 31.21 g 二水合磷酸二氢钠，溶解，稀释至 1000 mL。

取 49.0 mL 母液 A 和 51.0 mL 母液 B 混合后，用蒸馏水稀释至 200 mL。

（3）提取缓冲液（含 1% Triton X-100 和 4% PVPP）：

取 1 mL TritonX-100 和 4 g PVPP，加入 100 mL 0.1 mol/L pH 6.8 磷酸缓冲液中，摇匀，置于 4 °C 冰箱预冷。

（4）乙酸-乙酸钠缓冲液（0.1 mol/L，pH 5.5）：

母液 A（200 mmol/L 乙酸溶液）：量取 11.55 mL 冰醋酸，加蒸馏水稀释至 1000 mL。

母液 B（200 mmol/L 乙酸钠溶液）：称取 16.4 g 无水乙酸钠（或称取 27.2 g 三水合乙酸钠），用蒸馏水溶解，定容至 1000 mL。

【实验仪器】

研钵、高速冷冻离心机、紫外分光光度计、计时器、移液器、离心管、试管、容量瓶（100 mL、1000 mL）。

【实验内容】

1. 酶提取液

称取 0.5 g 果蔬组织样品置于研钵中，加入 5.0 mL 经 4 °C 预冷的提取缓冲液，在冰浴条件下研磨成为匀浆，于 4 °C、12000 × g 离心 30 min，收集上清液即为酶提取液。

2. 活性测定

方法一：取 2.75 mL 0.1 mol/L pH 5.5 乙酸-乙酸钠缓冲液，加入 50 μL

0.1 mol/L 亚油酸钠溶液，在 30 °C 保温 10 min，加入 200 μL 粗酶液，混匀。以蒸馏水为参比调零，在反应 15 s 时开始记录反应体系在波长 234 nm 处吸光度值，为初始值，然后每隔 30 s 记录一次，连续测定，至少获取 6 个点的数据。重复三次。测定数据记录到表 2-32。

方法二：取 2.7 mL 0.1 mol/L pH 6.8 磷酸钠缓冲液，加入 100 μL 0.5%亚油酸溶液，在 30 °C 保温 10 min，再加入 200 μL 粗酶液，混匀，按照上述方法测定混合液在 234 nm 处吸光度值。

表 2-32　脂氧合酶活性测定数据

重复次数	样品质量 m/g	提取液体积 V/mL	吸取样品液体积 V/mL	波长 420 nm 处吸光度值							样品中多酚氧化酶活性 /[ΔOD_{470}/(min · g)]	
				OD_0	OD_1	OD_2	OD_3	OD_4	OD_5	ΔOD	计算值	平均值±标准偏差
1												
2												
3												

【实验结果】

记录反应体系在波长 234 nm 处的吸光度值，制作 OD_{234} 值随时间变化曲线，根据曲线的初始线性部分（从时间 i 到时间 f）计算每分钟吸光度变化值 OD_{234}。

$$\Delta OD_{234} = \frac{OD_{234f} - OD_{234i}}{t_f - t_i}$$

式中　OD_{234}——每分钟反应吸光度变化值；

OD_{234f}——反应混合液吸光度终止值；

OD_{234i}——反应混合液吸光度初始值；

t_f——反应终止时间，min；

t_i——反应起始时间，min。

然后，以每克果蔬样品（鲜重）每分钟吸光度变化值增加 0.01 时为 1 个脂氧合酶活性单位，单位是 $0.01\Delta OD_{234}$/(min · g)。计算公式：

$$V = \frac{\Delta OD_{234} \times V}{0.01 \times V_s \times m}$$

式中　V——样品提取液总体积，mL；

V_s——测定时所取样品提取液体积，mL；

m——样品质量，g。

【思考题】

哪些因素影响脂氧合酶活性的测定？

【注意事项】

测定时要控制好体系的温度和反应时间，同时体系必须保持均相。

实验 40　木瓜蛋白酶的提取及其活性测定

【实验目的】

（1）学习和掌握木瓜蛋白酶酶源的选取、木瓜乳汁的采集及蛋白酶粗酶制剂提取等的基本原理和方法。

（2）学习并掌握木瓜蛋白酶活性的测定方法以及酶样中蛋白质含量的测定。

【实验原理】

木瓜蛋白酶（Papain），又称木瓜酶，是一种巯基蛋白酶，其相对分子质量为23900，广泛存在于番木瓜茎叶和果实中，以未成熟果实的乳汁中为最高。它既有很强的蛋白水解催化活性，又含凝乳和溶菌活性，还具脂解能力及蛋白合成功能，主要是催化蛋白质水解，也能分解小肽。它的切割分解点很多，大致优先分解精氨酶、苯丙氨酸的肽键。又因其含量高，稳定性好，能有效地分解明胶、酪蛋白、谷蛋白、弹性蛋白、球蛋白和肌纤维蛋白等常用蛋白质，被广泛应用于肉类嫩化、啤酒澄清、明胶制造、蚕茧脱胶、皮革脱毛等工业，另外还在医学方面主要用于治疗消化不良、各种炎症和水肿，防止腹膜粘连，处理血检及创伤脱痂；此外，它还可以用于研究蛋白质结构等等。

木瓜蛋白酶最适 pH 随底物而异，当以酪蛋白为底物时，酶的最适 pH 为7。据此原理，本实验以未成熟的木瓜果实为材料，从果皮中采集新鲜乳汁，利用木瓜蛋白酶在 pH 7.2 的磷酸缓冲液、35 °C 条件下水解底物酪蛋白产生酪氨酸，酪氨酸在波长 275 nm 处有最大吸收峰，根据吸光度的大小反映酪氨酸的浓度，进而反映木瓜蛋白酶催化水解的反应速率，以此衡量该酶的活性。

考马斯亮蓝 G-250 在酸性条件下能够与蛋白质结合，形成的配合物在波长 595 nm 处具有最大吸光度，且吸光度的大小与蛋白质的含量成正比，故可用于蛋白质的定量测定。

【实验材料与试剂】

1. 材 料

新鲜、未成熟的木瓜。

2. 试 剂

（1）磷酸缓冲液（0.1 mol/L，pH 7.2）：

母液 A（0.2 mol/L 磷酸氢二钠溶液）：称取 35.61 g 二水合磷酸氢二钠或 53.65 g 七水合磷酸氢二钠或 71.64 g 十二水合磷酸氢二钠，溶解，稀释至 1000 mL。

母液 B（0.2 mol/L 磷酸二氢钠溶液）：称取 27.60 g 一水合磷酸二氢钠或 31.21 g 磷酸二氢钠，溶解，稀释至 1000 mL。

取母液 A 72.0 mL 和母液 B 28.0 mL 混合后，用蒸馏水稀释定容至 200 mL，即为 0.1 mol/L pH 7.2 磷酸缓冲液。

（2）酪蛋白溶液（1%）：

称取 1 g 的酪蛋白，用 0.1 mol/L 磷酸缓冲液（pH 7.2）稀释，定容至 100 mL。

（3）激活剂：

用 0.1 mol/L 磷酸缓冲液（pH 7.2）配制含半胱氨酸 20 mmol/L、EDTA 1 mmol/L 的混合液。

（4）10%三氯乙酸（TCA）：

称 10 gTCA，定容至 100 mL。

（5）考马斯亮蓝 G-250：

称 0.1 g 考马斯亮蓝 G-250，溶于 50 mL 90%乙醇溶液中，加入 85%磷酸溶液 100 mL，用蒸馏水定容到 1000 mL。

【实验仪器】

恒温水浴锅、电子天平、紫外-可见分光光度计、研钵、烧杯、量筒、试管、移液管、漏斗。

【实验内容】

1. 木瓜乳的采集

选取挂果 30 d 以上的木瓜果实，用湿棉布小心擦净表面，用牙签等利器在果实的表面划若干条深约 3 mm 的划痕，此时有大量白色乳汁流出，于木瓜底部用干净的烧杯收集乳汁，片刻后收集的乳汁便会凝固。

2. 木瓜蛋白酶的提取

用小烧杯称取木瓜乳约 0.15 g，准确记录其质量 m(g)。用量筒量约 30 mL 0.1 mol/L 的磷酸缓冲液，用少许磷酸缓冲液将木瓜乳转移至研钵，并研成匀浆，将匀浆液过滤至量筒中，将剩余的磷酸缓冲液分次洗涤研钵，洗涤液与匀浆液一同收集过滤于量筒中。读取量筒中收集到的滤液体积 V (mL)，放置备用。

3. 木瓜蛋白酶活力的测定

自定义酶活力单位（U）。本实验木瓜蛋白酶活力的定义为：在当前测定条件下，测定体系在波长 275 nm 下，每增加 0.001 的吸光度为 1 个酶活力单位。

单位体积酶样的活性：

$$a\ (\text{U/mL}) = \text{OD}_{275}/(10\ \text{min} \times 0.001 \times 0.1\ \text{mL})$$

木瓜蛋白酶活力的测定步骤见表 2-33：

表 2-33　木瓜蛋白酶的活力测定

<table>
<tr><td>样品</td><td colspan="8">测定步骤</td></tr>
<tr><td>待加试剂</td><td>酶液体积/mL</td><td>10% TCA 体积/mL</td><td>激活剂体积/mL</td><td rowspan="3">35 °C 保温 10 min</td><td>1% 酪蛋白</td><td rowspan="3">摇匀 35 °C 反应 10 min</td><td>10% TCA 体积/mL</td><td rowspan="3">过滤，测滤液的 OD_{275}</td></tr>
<tr><td>对照管（1 管）</td><td>0.1</td><td>1</td><td>1.9</td><td>1</td><td>0</td></tr>
<tr><td>反应管（2 管）</td><td>0.1</td><td>0</td><td>1.9</td><td>1</td><td>1</td></tr>
</table>

4. 蛋白质含量测定

采用考马斯亮蓝 G-250 法。具体测定步骤见表 2-34：

表 2-34　木瓜蛋白酶的蛋白质含量测定

<table>
<tr><td>样品</td><td>0.1 mol/L 的磷酸缓冲液体积/mL</td><td>酶液体积/mL</td><td>考马斯亮蓝 G-250 体积/mL</td><td rowspan="3">摇匀，室温下放置 5 min，测溶液的 OD_{595}</td></tr>
<tr><td>对照管（1 管）</td><td>0.1</td><td>0</td><td>5</td></tr>
<tr><td>反应管（2 管）</td><td>0</td><td>0.1</td><td>5</td></tr>
</table>

【实验结果】

根据经验公式计算获得木瓜乳提取液中蛋白质的含量：

$$b\ (\text{mg/mL}) = 2 \times A_{595}$$

并分别计算：

（1）单位体积的酶活力（U/mL）；

（2）总酶活力（U）；

（3）蛋白质含量（mg/mL）；

（4）比活力（U/mg 蛋白）；

（5）木瓜蛋白酶得率（U/g 木瓜乳）。

第六节　维生素类实验

实验 41　维生素 C 含量的测定（2, 6-二氯酚靛酚滴定法）

【实验目的】

（1）了解果蔬组织中维生素 C 含量的意义。

（2）掌握利用 2, 6-二氯酚靛酚滴定法测定维生素 C 含量的原理和方法。

【实验原理】

还原性维生素 C，即抗坏血酸（ascorbic acid，ASA），是人类营养中最重要的维生素之一。人体缺乏抗坏血酸是容易出现坏血病。近年来，研究发现抗坏血酸可增强机体对肿瘤的抵抗能力，并对化学致癌具有阻断作用。维生素 C 是一种已糖醛酸，主要分为还原型和脱氢型两种，广泛存在于植物组织中，新鲜的水果、蔬菜，特别是枣、辣椒、苦瓜、柿子叶、猕猴桃、柑橘等果蔬中含量较高。果蔬中抗坏血酸含量受果蔬种类、品种、栽培条件、成熟度和贮藏条件等的影响。测定维生素 C 含量，可以作为果蔬的营养品质和贮藏效果的评价指标之一。

抗坏血酸是具有 L 系糖构型的不饱和多羟基化合物，分子中存在烯醇式结构，因而具有很强的还原性。染料 2, 6-二氯酚靛酚（2, 6-dichlorophenol indophenol）具有较强的氧化性，且在酸性溶液中呈红色，在中性或碱性溶液中呈蓝色。还原型抗坏血酸能将 2, 6-二氯酚靛酚还原，同时自身被氧化为脱氢型抗坏血酸。因此，当用蓝色的碱性 2, 6-二氯酚靛酚滴定含有抗坏血酸的草酸溶液时，2, 6-二氯酚靛酚可被抗坏血酸还原成无色的还原型化合物，同时抗坏血酸也被氧化成脱氢型。当溶液中的抗坏血酸完全被氧化时，则滴下的染料立即使草酸溶液呈现浅粉红色。这一颜色转变，可以指示滴定终点。

根据滴定时用去的标准 2, 6-二氯酚靛酚溶液的量，就可计算出被测样品中抗坏血酸的含量。

【实验材料与试剂】

1. 材　料

鲜枣、青椒、山楂、苹果、柑橘、芒果等。

2. 试　剂

（1）草酸溶液（20 g/L）:

称取 20.0 g 草酸，用蒸馏水溶解，并稀释至 1000 mL。

（2）标准抗坏血酸溶液（0.1 mg/mL）:

称取 50.0 mg 抗坏血酸（应为洁白色，如变为黄色则不能用），用 20 g/L 草酸溶液溶解，定容至 500 mL，即 1 mL 溶液含 0.1 mg 抗坏血酸。现用现配，贮于棕色瓶中，低温保存。

（3）2, 6-二氯酚靛酚溶液：

称取 100 mg 2, 6-二氯酚靛酚钠盐，溶于 100 mL 含有 26 mg 碳酸氢钠的沸水中，充分摇匀（或冷却后置于冰箱中过夜），过滤，加蒸馏水稀释至 1000 mL。此溶液应贮于棕色瓶中，放入冰箱保存。每周重新配制，临用前用标准抗坏血酸溶液标定。

2, 6-二氯酚靛酚溶液的标定：取 10.0 mL 标准抗坏血酸溶液于锥形瓶中，用 2, 6-二氯酚靛酚溶液滴定至微红色，15 s 不褪色即为终点，根据消耗的 2, 6-二氯酚靛酚溶液的量计算出每毫升染料溶液相当的抗坏血酸质量（重复三次，取平均值）。

【实验仪器】

碱式滴定管（20 mL）、容量瓶（1000 mL、500 mL、100 mL）、移液器、三角瓶（100 mL）、研钵、电子天平、漏斗、铁架台、漏斗架。

【实验内容】

1. 提　取

称取 10.0 g 果蔬样品置于研钵中，加入少量 20 g/L 草酸溶液，在冰浴条件下研磨成浆状，转入 100 mL 容量瓶中，用 20 g/L 草酸溶液冲洗研钵后，倒入容量瓶中，再用 20 g/L 草酸溶液定容至刻度，摇匀，提取 10 min 后，过滤收集溶液备用。

2. 滴　定

用移液器吸取 10.0 mL 滤液置于 100 mL 的三角瓶中，用已标定的 2, 6-二氯酚靛酚溶液滴定至出现微红色、且 15 s 不褪色为止，记下染料的用量。同时，以 10 mL 20 g/L 草酸溶液作为空白，按同样方法进行滴定。重复三次。测定数据记录到表 2-35 中：

表 2-35　抗坏血酸含量测定

重复次数	样品质量 m/g	提取液总体积 V/mL	吸取样品液体积 V/mL	染料消耗量/mL		染料标定值 ρ/（mg/mL）	抗坏血酸含量/（mg/100 g）	
				测定（V_1）	样品空白（V_0）		计算值	平均值±标准偏差
1								
2								
3								

【实验结果】

根据染料的滴定消耗量，计算果蔬中抗坏血酸含量，以 100 g 样品（鲜重）中含有的抗坏血酸的质量表示，即 mg/100 g。计算公式：

$$\text{抗坏血酸含量(mg/100 g)} = \frac{V \times (V_1 - V_0) \times \rho}{V_s \times m} \times 100$$

式中　V_1——样品滴定消耗的染料体积，mL；

V_0——空白滴定消耗的染料体积，mL；

ρ——1 mL 染料溶液相当于抗坏血酸的质量，mg/mL；

V_s——滴定时所取样品溶液体积，mL；

V——样品提取液总体积，mL；

m——样品质量，g。

【思考题】

（1）在测定绿叶蔬菜抗坏血酸含量时，如何消除叶绿素对滴定终点判定的影响？

（2）在测定芒果成熟果实抗坏血酸含量时，如何消除类胡萝卜素对滴定终点判定的影响？

（3）为了在实验中测得准确的抗坏血酸含量，应注意哪些问题？

【注意事项】

（1）所有试剂最好用重蒸馏水配制。

（2)蛋白质含量较多的样品可用 10%三氯乙酸代替 20 g/L 草酸溶液提取。

（3）对含有大量铁离子的样品，如储藏过久的罐头食品可用 8%乙酸溶液代替草酸溶液提取。

（4）测定样品溶液时必须同时做一空白对照，要扣除空白滴定的影响。

（5）某些果蔬（如橘子、西红柿）浆状物泡沫太多，可加数滴丁醇或辛醇以消除泡沫。

（6）提取的浆状物如不易过滤，也可通过离心，取上清液测定。

（7）若提取液中色素较多时，滴定不易看出颜色变化，可用白陶土脱色，或加 1 mL 氯仿，到达滴定终点时，氯仿层呈现淡红色。

（8）整个操作过程要迅速，防止还原型抗坏血酸被氧化，滴定过程一般不超过 2 min。

（9）滴定所用的染料不应少于 1 mL。

实验 42　维生素 C 含量的测定（磷钼酸法）

【实验目的】

（1）掌握利用磷钼酸法测定维生素 C 含量的原理和方法。

（2）比较不同材料可食部分中维生素 C 的含量。

【实验原理】

钼酸铵在一定条件下（硫酸和偏磷酸根离子存在）与维生素 C 反应生成蓝色结合物，在一定范围内（样品控制浓度在 25 ~ 250 μg/mL）吸光度与浓度成直线关系。在偏磷酸存在下，样品所存在的还原糖及其他常见的还原性物质均无干扰，因而专一性好，且反应迅速。

【实验材料与试剂】

1. 材　料

橘子、辣椒、青菜、西红柿等。

2. 试　剂

（1）钼酸铵溶液（5%）：

称取 5 g 钼酸铵加蒸馏水，定容至 100 mL。

（2）0.05 mol/L 草酸-0.02 mol/L EDTA 溶液：

称取草酸 6.3 g 和 $EDTANa_2$ 0.75 g，用蒸馏水溶解后定容至 1000 mL。

（3）硫酸（1∶19）：

取 19 份体积蒸馏水，加入 1 份体积硫酸。

（4）冰乙酸（1∶5）：

取 5 份体积水，加入 1 份体积硫酸即可。

（5）偏磷酸-乙酸溶液：

取粉碎好的偏磷酸 3 g，加入 48 mL（1∶5）冰乙酸，溶解后加蒸馏水稀释至 100 mL，必要时过滤。此试剂放入冰箱可保存 3 天。

（6）标准维生素 C 溶液（0.25 mg/mL）：

准确称取 25 mg 维生素 C，用蒸馏水溶解，加适量草酸-EDTA 溶液，然后用蒸馏水稀释至 100 mL。放于冰箱储存，可用 1 周。

【实验仪器】

组织捣碎机、离心机（离心管 100 mL、50 mL）、水浴锅、分光光度计。

【实验内容】

1. 制作标准曲线

取 6 支洁净试管，编号，按照表 2-36 操作，以波长 760 nm 处吸光度为纵坐标，以维生素 C 质量（μg）为横坐标，制作标准曲线。

2. 样品测定

将四种材料可食部分洗净擦干，分别准确称取 10.000 g，加入草酸-EDTA 溶液至 50 mL，组织捣碎机中匀浆 2 min，取上清液，4000 r/min 离心 5 min，取各上清液 0.5 mL，加蒸馏水 0.5 mL，其余按做标准曲线第三步（加草酸-EDTA）做起，根据波长 760 nm 处吸光度，在标准曲线上查找维生素 C 质量，计算各材料可食部分维生素 C 含量的平均值。

表 2-36 维生素 C 含量测定

试管	1	2	3	4	5	6	样品
标准维生素 C 溶液体积/mL	0.0	0.2	0.4	0.6	0.8	1.0	0.5
蒸馏水体积/mL	1.0	0.8	0.6	0.4	0.2	0.0	0.5
草酸-EDTA 溶液	各 2.0 mL						
偏磷酸-乙酸	各 0.5 mL						
1∶19 硫酸	各 1.0 mL						
5%钼酸铵	各 2.0 mL						
混匀，30 °C 水浴 15 min，立即比色							
维生素 C 质量/μg	0	50	100	150	200	250	
波长 760 nm 处吸光度							

【实验结果】

通过下列公式计算出 100 g 样品中含微生物 C 的质量：

$$m=\frac{m_0\times V_1}{m_1\times V_2}\times 100\times 10^3$$

式中 m——样品中含维生素 C 的质量，mg/100 g；

m_0——计算得维生素 C 质量的平均值，μg；

V_1——稀释后总体积，mL；

m_1——称样质量，g；

V_2——测定时取样体积，mL；

10^3——μg 换成 mg 的系数。

【思考题】

（1）本实验中定量测定维生素 C 含量的原理是什么？偏磷酸-乙酸的作用是什么？

（2）磷钼酸法与滴定法相比有什么优点？

（3）试述维生素 C 的生理作用。

实验 43　胡萝卜素的定量测定

【实验目的】

（1）理解高效液相色谱法测定胡萝卜素的原理和方法。
（2）掌握高效液相色谱仪的操作。

【实验原理】

β-胡萝卜素为脂溶性维生素 A 的前体，存在于各种动植物体内。可以直接用有机溶剂提取，然后以高效液相色谱法测定，以保留时间定性，峰高或峰面积定量。

高效液相色谱仪的组成与工作主要流程如图 2-6 所示：

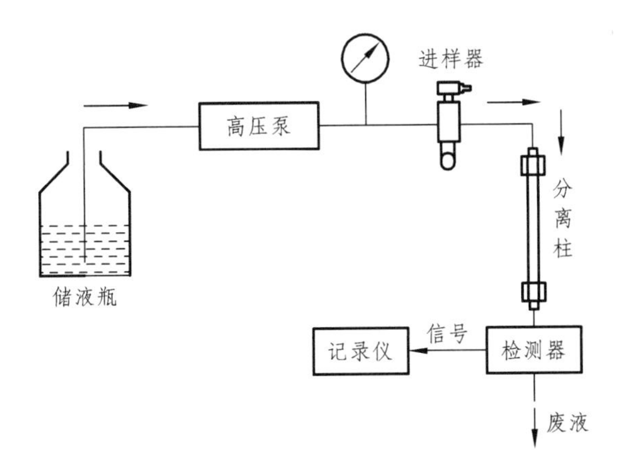

图 2-6　高效液相色谱仪的组成与工作流程

【实验材料与试剂】

1. 材　料

新鲜胡萝卜。

2. 试　剂

（1）β-胡萝卜素。

（2）乙酸乙酯。

（3）正己烷。

（4）色谱甲醇。

【实验仪器】

高效液相色谱仪、棕色容量瓶（100 mL）、研钵、漏斗、三角瓶。

【实验内容】

1. 标准溶液的配制

精确称取 100 mg 的含量为 30%的 β-胡萝卜素标准品，用乙酸乙酯溶解，定容到 100 mL 的棕色容量瓶中。进样时取 1 mL，稀释定容到 100 mL。

2. 样品的制备

取样品，捣碎成浆状，称取 10 g，加甲醇、正己烷各 10 mL，研磨。过滤后，滤液以及用乙酸乙酯洗涤渣的滤液一并接收在三角瓶中，提取液放入 100 mL 棕色容量瓶中，乙酸乙酯定容到 100 mL。

3. 色谱条件

色谱柱：C_{18} 柱；流动相：甲醇；流速：1.5 mL/min；紫外检测波长：440 nm；进样量：20 μL。样品进样前需要用 0.45 μm 的滤膜过滤，装入进样瓶中。

【实验结果】

HPLC 外标法定量，然后通过下式计算：

$$m=\frac{m_1\times A_2\times V_2}{m_2\times A_1\times V_1}\times 10$$

式中 m——10 g（mL）样品中 β-胡萝卜素含量，mg；

m_1——标样进样体积中 β-胡萝卜素含量，mg；

m_2——样品称样质量，g 或 mL；

A_1——标样峰面积；

A_2——样品峰面积；

V_1——样品进样体积，μL；

V_2——样品定容体积，mL。

【思考题】

（1）高效液相色谱仪的组成与工作主要流程？

（2）色谱图中 β-胡萝卜素吸收峰峰高、峰面积与样品中 β-胡萝卜素浓度和纯度有何关系？

【注意事项】

（1）样品的预处理；

（2）流动相的过滤脱气处理；

（3）色谱条件的选择。

实验 44　叶绿素含量的测定（分光光度法）

【实验目的】

（1）了解叶绿素含量变化对水果、蔬菜采后品质的不同影响。

（2）掌握叶绿素测定原理和测定方法。

【实验原理】

叶绿素（chlorophyll）是植物进行光合作用的重要色素物质。在水果、蔬菜中也存在着大量的叶绿素。然而随着果蔬成熟衰老，叶绿素含量不断下降。水果在成熟衰老过程中，叶绿素分解后，可使其他种类色素如类胡萝卜素、花青素的颜色得以呈现。蔬菜在采摘后，叶绿素含量下降，出现萎蔫发黄，新鲜度明显降低，影响使用品质、加工性能和商品价值。

叶绿素有叶绿素 a 和叶绿素 b 两种类型。叶绿素 a、叶绿素 b 的丙酮提取液在红光区波长 663 nm 和 645 nm 处分别具有最大吸收峰。在波长 663 nm 处，叶绿素 a、叶绿素 b 的 80%丙酮提取液的吸光系数分别为 82.04 和 9.27；在波长 645 nm 处，分别为 16.75 和 45.60。根据加和性原则，可得出叶绿素溶液在波长 663 nm 和 645 nm 处的吸光度 A_{663} 和 A_{645} 与叶绿素溶液中叶绿素 a 和叶绿素 b 的质量浓度 ρ_a 和 ρ_b（以 mg/L 为单位）的关系，推导出 Arnon 计算公式：

$$\rho_a = 12.72A_{663} - 2.59A_{645}$$

$$\rho_b = 22.88A_{645} - 4.67A_{663}$$

将 ρ_a 和 ρ_b 相加即得叶绿素总量 ρ_t：

$$\rho_t = \rho_a + \rho_b = 20.29A_{645} + 8.05A_{663}$$

此外，叶绿素 a、叶绿素 b 在波长 652 nm 处吸收峰相交，两者有相同的吸光系数，均为 34.5。因此，叶绿素总量 ρ_t 还可在 662 nm 处测定：

$$\rho_t = \frac{A_{652} \times 1000}{34.5}$$

因此，根据叶绿素的丙酮提取液对可见光谱的吸收特性，利用分光光度计在相应波长处测定提取液的吸光度值，按照前面的公式就可以计算出提取液中叶绿素的含量。再根据果蔬样品质量和提取液的体积，可以计算出果蔬组织中叶绿素的含量。

【实验材料与试剂】

1. 材　料

蔬菜叶片。

2. 试　剂

（1）石英砂。

（2）碳酸钙粉。

（3）80%（体积分数）丙酮溶液：

量取 80 mL 丙酮（分析纯），加蒸馏水至 100 mL，混匀。

（4）滤纸。

【实验仪器】

分光光度计、容量瓶（100 mL）、棕色容量瓶（50 mL）、移液器、研钵、电子天平、漏斗、量筒（100 mL）。

【实验内容】

1. 叶绿素的提取

（1）称取 1.0 g 蔬菜叶片放入研钵中，加少量石英砂、碳酸钙粉和 80%丙酮溶液 2 ~ 3 mL，研成匀浆，再加 80%丙酮溶液 10 mL，继续研磨至组织变白。静置 3 ~ 5 min 提取。

（2）取一张滤纸，折叠后置于漏斗中，用 80%丙酮润湿，沿玻璃棒将提取液倒入漏斗中，过滤到 50 mL 棕色容量瓶中，冲洗研钵、研棒和残渣数次，最后连同残渣一起倒入漏斗中，用丙酮溶液冲洗，直至滤纸和残渣中无绿色为止。

（3）最后用 80%丙酮溶液定容至 50 mL，摇匀。注意，各器皿、用具在使用之前必须用 80%丙酮溶液润洗。

2. 叶绿色的测定

以 80%丙酮溶液为空白参比调零，用 1 cm 光径比色皿在波长 663 nm 和 645 nm 处分别比色测定提取液的吸光度值。重复三次。

【实验结果】

1. 测定数据记录（表 2-37）

表 2-37　叶绿素含量测定

<table>
<tr><th rowspan="3">重复次数</th><th rowspan="3">样品质量 m/g</th><th rowspan="3">提取液总体积 V/mL</th><th colspan="2">吸光度值</th><th colspan="3">提取液中叶绿素质量浓度/（mg/L）</th><th colspan="6">样品中叶绿素含量/（mg/g）</th></tr>
<tr><th rowspan="2">663 nm</th><th rowspan="2">645 nm</th><th rowspan="2">ρ_a</th><th rowspan="2">ρ_b</th><th rowspan="2">ρ_t</th><th colspan="3">计算值</th><th colspan="3">平均值±标准偏差</th></tr>
<tr><th>ρ_a</th><th>ρ_b</th><th>ρ_t</th><th>ρ_a</th><th>ρ_b</th><th>ρ_t</th></tr>
<tr><td>1</td><td></td><td></td><td></td><td></td><td></td><td></td><td></td><td></td><td></td><td></td><td></td><td></td><td></td></tr>
<tr><td>2</td><td></td><td></td><td></td><td></td><td></td><td></td><td></td><td></td><td></td><td></td><td></td><td></td><td></td></tr>
<tr><td>3</td><td></td><td></td><td></td><td></td><td></td><td></td><td></td><td></td><td></td><td></td><td></td><td></td><td></td></tr>
</table>

2. 计算结果

按前面的 Arnon 公式计算得提取液中叶绿素 a 和叶绿素 b 的质量浓度，再按下式计算蔬菜叶片中叶绿素的含量，以每克鲜重中所含叶绿素的质量表示，即 mg/g。计算公式如下：

$$\text{叶绿素含量(mg / g)} = \frac{\rho \times V}{m \times 1000}$$

式中　ρ——由公式计算得叶绿素的质量浓度，mg/L；

V——样品提取液总体积，mL；

m——样品质量，g。

【思考题】

（1）为什么提取叶绿素时干材料一定要用 80%丙酮溶液，而新鲜的材料可以用无水丙酮提取？

（2）研磨提取叶绿素时加入碳酸钙粉有什么作用？

【注意事项】

（1）为了避免叶绿素的分解，应在弱光和低温下操作，研磨时间尽量短些。提取过程应在避光、低温下进行。

（2）提取干材料叶绿素时一定要用 80%丙酮溶液。但是由于一般果蔬组织含水量特别高，因此，对于新鲜的果蔬组织应用无水丙酮提取色素较好。

（3）叶绿素提取液不能浑浊，必须利用定量滤纸过滤或进行高速低温离心。

（4）如果材料叶绿素含量较高时，可将提取液体积定容至 100 mL，或对提取液进行适当倍数的稀释后再测定。

实验 45 单宁含量的测定（比色法）

【实验目的】

（1）了解单宁的性质。

（2）熟练掌握用比色法测定单宁含量的方法。

【实验原理】

单宁在碱性溶液中将磷钨钼酸还原，生成深蓝色化合物。其颜色的深浅与单宁的含量成正比，可与标准进行比较定量。

【实验材料与试剂】

1. 材 料

未熟透的香蕉、柿子。

2. 试 剂

（1）标准单宁酸溶液（0.5 mg/mL）：

准确称取标准单宁酸 50 mg，溶解后用水稀释至 100 mL，用时现配。

（2）F-D（Folin-Donis）试剂：

称取一水合钨酸钠（$Na_2WO_4 \cdot H_2O$）50 g、磷钼酸 10 g，置于 500 mL 锥形瓶中，加 375 mL 水溶解，再加磷酸 25 mL，连接冷凝管，在沸水浴上加热回流 2 h，冷却后用水稀释至 500 mL。

（3）偏磷酸溶液（60 g/L）：

称取 60 g 偏磷酸加入蒸馏水，定容至 1000 mL。

（4）碳酸钠溶液（1 mol/L）：

称取无水碳酸钠 53 g，加水溶解并稀释至 500 mL。

（5）95%和 75%乙醇溶液。

【实验仪器】

天平、组织捣碎机、烧杯、移液管、分光光度计、容量瓶、恒温箱（30 °C）。

【实验内容】

1. 标准曲线的绘制

按表 2-38 编号，分别于 50 mL 容量瓶中加入试剂，加完后，剧烈振摇，以蒸馏水稀释至刻度，充分混合，于 30 °C 恒温箱中放置，1.5 h 后，用分光光度计在波长 680 nm 处测定吸光度，并绘制标准曲线。

2. 样品测定

果实去皮，迅速称取 50 g，加入 95%乙醇 50 mL、偏磷酸 50 mL、水 50 mL，置于高速组织捣碎机中打浆 1 min（或在研钵中研磨成浆状）。称取匀浆 20 g 于 100 mL 容量瓶中，加 75%乙醇 40 mL，在沸水浴中加热 20 min，冷却后用 75%乙醇稀释至刻度。充分混合，以慢速定量滤纸过滤，弃去初滤液。

表 2-38　单宁含量的测定

管号	0	1	2	3	4	5	6
标准单宁溶液/体积 mL	0	0.1	0.2	0.4	0.6	0.8	1.0
75%乙醇/体积 mL	1.7	1.7	1.7	1.7	1.7	1.7	1.7
60 g/L 偏磷酸溶液/体积 mL	0.1	0.1	0.1	0.1	0.1	0.1	0.1
蒸馏水体积/mL	25	25	25	25	25	25	25
F-D 试剂/体积 mL	2.5	2.5	2.5	2.5	2.5	2.5	2.5
1mol/L 碳酸钠溶液体积/mL	10	10	10	10	10	10	10

吸取上述滤液 2 mL，加入已盛有 25 mL 蒸馏水、2.5 mL F-D 试剂的 50 mL 容量瓶中，剧烈振摇后，以水稀释至刻度，充分摇匀（此时溶液的蓝色逐渐产生）。同时做空白试验。于 30 °C 恒温箱中放置 1.5 h 后，用分光光度计在

波长 680 nm 处，以试剂空白调零，测定吸光度。

【实验结果】

用下列公式计算样品中单宁的质量分数（w，%）：

$$w=\frac{C\times 10^{-6}}{m\times K}\times 100$$

式中 C——比色用样品溶液中单宁的含量（由标准曲线查得），μg；

m——样品质量，g；

K——稀释倍数，如按上述方法取样 50 时，$K=(20/200)\times(2/100)=1/500$。

【注意事项】

（1）样品处理时要尽快进行，以免单宁氧化而造成误差。

（2）维生素 C 也能与 F-D 试剂作用产生蓝色，因此当样品含有维生素 C 时需要进行校正，1 mg 维生素 C 相当于 0.8 mg 单宁酸。

实验 46　单宁含量的测定（EDTA 配合滴定法）

【实验目的】

（1）了解单宁的性质。
（2）熟练掌握 EDTA 配合滴定法测定单宁含量的方法。

【实验原理】

根据单宁可与重金属离子形成配合物沉淀的性质，在样品提取液中加入过量的标准 $Zn(Ac)_2$ 溶液，待反应完全后，再用 EDTA 标准溶液滴定剩余的，根据 EDTA 标准溶液的消耗量，可计算出样品中单宁的含量。

【实验材料与试剂】

1. 材　料

未熟透香蕉。

2. 试　剂

（1）醋酸锌标准溶液（1.000 mol/L）：
准确称取 $Zn(Ac)_2 \cdot H_2O$ 21.95 g，用水溶解后定容至 100 mL。
（2）乙二胺四乙酸二钠（EDTA）标准溶液（0.0500 mol/L）：
准确称取乙二胺四乙酸二钠 9.306 g，溶解于水，并用水稀释至 500 mL。
（3）NH_3-NH_4Cl 缓冲溶液（pH = 10）：
称取 54 g NH_4Cl，加水溶解后加入浓氨水 350 mL，用水定容至 1000 mL。
（4）铬黑 T 指示剂：
称取 0.5 g 铬黑 T，溶于 10 mL pH = 10 的 NH_3-NH_4Cl 缓冲溶液中，用 95%

乙醇定容至 100 mL。

（5）石英砂。

【实验仪器】

容量瓶、电子天平、研钵、碱式滴定管。

【实验内容】

1. 样品处理

称取切碎混匀的样品 5 ~ 10 g，置于研钵中，加少许石英砂研磨成浆状（干样品经磨碎过筛后，准确称取 1 ~ 2 g），转入 150 mL 锥形瓶中，用 50 mL 水分多次洗净研钵，洗液一并转入锥形瓶中，振动、提取 10 ~ 15 min。

2. 配合沉淀

在 100 mL 容量瓶中，准确加入 $Zn(Ac)_2$ 标准溶液 5 mL、浓氨水 3.5 mL，摇匀（开始有白色沉淀产生，摇动使沉淀溶解）。慢慢将提取物转入容量瓶中，不断振摇，在 35 °C 水浴中保温 20 ~ 30 min。冷却，用水定容至 100 mL，充分混匀，静置、过滤（初滤液弃去）。

3. 滴　定

准确吸取滤液 10 mL，置于 150 mL 锥形瓶中。加水 40 mL、NH_3-NH_4Cl 缓冲溶液 12.5 mL、铬黑 T 指示剂 10 滴，混匀。用 0.0500 mol/L 的 EDTA 标准溶液滴定，溶液由酒红色变为纯蓝色即为终点。

【实验结果】

利用下列公式计算样品中单宁的质量分数 w（%）：

$$w = \frac{(c_1 \times V_1 - 10 \times c_2 \times V_2) \times 0.1556}{m} \times 100$$

式中　c_1——$Zn(Ac)_2$ 标准溶液的浓度，mol/L；

V_1——吸取 $Zn(Ac)_2$ 标准溶液的体积，mL；

c_2——EDTA 标准溶液的浓度，mol/L；

V_2——滴定时消耗 EDTA 标准溶液的体积，mL；

0.1556——由实验得出的比例常数，g/mmol；

m——样品质量，g；

10——分取倍数（即样品配合沉淀后定容至 100 mL，吸取其中的 1/10 进行滴定）。

【注意事项】

（1）单宁遇 Fe^{3+}会发生颜色反应，因此处理样品时，不能与铁器接触，切碎样品应采用不锈钢刀。

（2）单宁容易被氧化，样品处理后应立即进行测定。

（3）要注意控制加热温度，加热过程中要加些摇动数次，注意反应完全。

实验 47　单宁含量的测定（高锰酸钾法）

【实验目的】

掌握高锰酸钾法测定单宁含量的方法。

【实验原理】

单宁物质为强还原剂，极易被氧化。样品加水浸提出单宁后，用高锰酸钾滴定。以靛红为指示剂。试样中除了单宁，还有其他物质以及靛红均可被高锰酸钾氧化，故要做空白对照。空白试验可用高岭土或活性炭吸收单宁后，再用高锰酸钾滴定，从试样与空白液所消耗的高锰酸钾溶液体积之差求得样品中单宁的含量。靛红被高锰酸钾氧化，从蓝色变为黄色，从而指示终点。

【实验材料与试剂】

1. 材　料

未熟透香蕉。

2. 试　剂

（1）高锰酸钾标准溶液（0.01 mol/L）：

称取约 1.60 g 高锰酸钾，溶于 1000 mL 蒸馏水中，盖上表面皿，加热至沸并保持微沸状态约 1 h。冷却后，放暗处约一周后用垂熔玻璃漏斗或玻璃丝过滤。将滤液转至棕色瓶内暗处保存。用草酸钠标定高锰酸钠。

（2）硫酸溶液（2.5 mol/L）：

取 138.8 mL 浓硫酸，稀释至 1000 mL。

（3）活性炭。

【实验仪器】

天平、研钵、烧杯（50 mL、100 mL）、漏斗、刻度试管（5 mL、10 mL）、三角瓶（100 mL）、量筒（10 mL）、碱式滴定管（25 mL）、容量瓶（100 mL）、恒温水浴锅（50 °C）。

【实验内容】

（1）称取5 g样品在研钵中研磨成匀浆，用漏斗转移容量瓶定容至100 mL，混匀后用干燥滤纸过滤，保留滤液。

（2）吸取样品滤液 5.0 mL，于 100 mL 三角瓶中，加 10 mL 水和 5 mL 2.5 mol/L 硫酸溶液，混匀，微热（50 °C）5 min 后用 0.01 mol/L 高锰酸钾标准溶液滴定至淡粉色，维持 30 s 不褪色即为终点，记下消耗的体积，重复一次做两个平行样。

（3）吸取样品滤液 5.0 mL，于 100 mL 烧杯中，并加 3 g 活性炭，加热搅拌 10 min，过滤用少量的热蒸馏水冲洗残渣，收集的滤液中加 2.5 mol/L 硫酸 5 mL，同样用 0.01 mol/L 高锰酸钾标准溶液滴定至终点，记下消耗的体积，重复一次做两个平行样。

【实验结果】

1. 实验数据记录（表2-39）

表 2-39　单宁含量测定数据

项目	样品			活性炭吸附后样品		
	重复1	重复2	平均值 V_1	重复1	重复2	平均值 V_2
消耗 $V(KMnO_4)$/mL						
单宁含量/（mg/100 g）						

2. 结果计算

按照下式计算单宁含量 P（mg/100 g），并填入表2-39中。

$$P=\frac{c\times(V_1-V_2)\times0.04157}{m}\times100$$

式中 c——$KMnO_4$的浓度，mol/L；

V_1——滴定样品消耗 $KMnO_4$的体积，mL；

V_2——活性炭吸附单宁后所消耗的 $KMnO_4$的体积，mL；

m——样品质量，g；

0.0416——1 mL 0.01 mol/L $KMnO_4$溶液相当于单宁的质量，mg。

【注意事项】

（1）过滤时由于溶液黏度大，过滤缓慢，只保留接下来的 10 mL 滤液，以部分代整体。且过滤时要用干燥滤纸。

（2）开始滴定时反应速度慢，待溶液中产生了 Mn^{2+}后，由于 Mn^{2+}的催化作用，加快了反应速率，故能顺利地滴定到呈现稳定的淡粉色为终点，因而此反应称为自动催化反应，稍过量的滴定剂本身是紫红色即显示终点。

第三章

物质代谢与生物氧化实验

实验 48　脂肪酸的 β-氧化

【实验目的】

（1）了解脂肪酸的 β-氧化作用。

（2）通过测定和计算反应液内丁酸氧化生成丙酮的量，掌握测定 β-氧化作用的方法及其原理。

【实验原理】

在肝脏内脂肪酸经 β-氧化作用生成乙酰辅酶 A，两分子的乙酰辅酶 A 可缩合生成乙酰乙酸。乙酰乙酸可脱羧生成丙酮，也可还原生成 β-羟丁酸。乙酰乙酸、β-羟丁酸和丙酮总称为酮体。肝脏不能利用酮体，必须经血液运至肝外组织特别是肌肉和肾脏，再转变为乙酰辅酶 A 而被氧化利用。酮体作为有机体代谢的中间产物，在正常的情况下，其产量甚微，患糖尿病或食用高脂肪膳食时，血中酮体含量增高，尿中也能出现酮体。

本实验用新鲜肝糜与丁酸保温，生成的丙酮可用碘仿反应滴定。在碱性条件下，丙酮与碘生成碘仿。反应式如下：

$$
\begin{array}{c} CH_3 \\ | \\ CH_2 \\ | \\ CH_2 \\ | \\ COOH \end{array}
\xrightarrow{-2H}
\begin{array}{c} CH_3 \\ | \\ CH \\ \| \\ CH \\ | \\ COOH \end{array}
\xrightarrow{HOH}
\begin{array}{c} CH_3 \\ | \\ CHOH \\ | \\ CH_2 \\ | \\ COOH \end{array}
\underset{+2H}{\overset{-2H}{\rightleftharpoons}}
\begin{array}{c} CH_3 \\ | \\ C{=}O \\ | \\ CH_2 \\ | \\ COOH \end{array}
\longrightarrow CO_2 + H_2O
$$

$$
\downarrow \text{脱羧}
$$

$$
CH_3-\overset{O}{\overset{\|}{C}}-CH_3
$$

$$2HaOH + I_2 = NaOI + NaI + H_2O$$

$$CH_3COCH_3 + 3NaOI = CHI_3 + CH_3COONa + 2NaOH$$

（碘仿）

剩余的碘可用标准 $Na_2S_2O_3$ 滴定

$$NaOI + NaI + 2HCl = I_2 + 2NaCl + H_2O$$

$$I_2 + 2Na_2S_2O_3 = Na_2S_4O_6 + 2NaI$$

根据滴定样品与滴定对照所消耗的硫代硫酸钠溶液体积之差，可以计算由丁酸氧化生成丙酮的量。

【实验材料与试剂】

1. 材　料

家兔、鸡或大鼠的新鲜肝脏。

2. 试　剂

（1）0.1%淀粉溶液（溶于饱和氯化钠溶液中）：

先配氯化钠饱和溶液，再加入淀粉，使其浓度达到 0.1%。

（2）氯化钠溶液（0.9%）：

称取 9 g 氯化钠，溶解在大约 200 mL 蒸馏水中，充分搅拌，最后加蒸馏水定容到 1000 mL 即可。

（3）丁酸溶液（0.5 mol/L，pH = 7.6）：

取 5 mL 正丁酸，溶于 100 mL 0.5 mol/L 氢氧化钠溶液中。

（4）三氯乙酸溶液（20%）：

称取 200 g 三氯乙酸，溶于适量蒸馏水中，并定容至 1000 mL。

（5）氢氧化钠溶液（10%）：

称取 100 g 氢氧化钠，溶于蒸馏水中，并定容至 1000 mL。

（6）盐酸（10%）：

量取 270 mL 浓盐酸（37%），溶于蒸馏水中，并定容至 1000 mL。

（7）碘溶液（0.1 mol/L）：

称取 12.7 g 碘和约 25 g 碘化钾溶于水中，稀释到 1000 mL，混匀，用标准 0.1 mol/L 硫代硫酸钠溶液标定。

（8）标准 0.02 mol/L 硫代硫酸钠溶液：

临用时将已标定的 0.05 mol/L 硫代硫酸钠溶液稀释成 0.02 mol/L。

（9）磷酸盐缓冲液（1/15 mol/L，pH 7.6）：

1/15 mol/L 磷酸氢二钠 86.8 mL 与 1/15 mol/L 磷酸二氢钠 13.2 mL 混合。

【实验仪器】

匀浆器或研钵、剪刀、镊子、漏斗、锥形瓶（50 mL）、碘量瓶、试管、试管架、移液管（5 mL、10 mL）、微量滴定管、恒温水浴。

【实验内容】

1. 肝匀浆的制备

将鸡颈部放血处死，取出肝脏。用 0.9%氯化钠溶液洗去表面的污血后，用滤纸吸去表面溶液，称取肝组织 5 g，置于研钵中加入少许 0.9%氯化钠溶液，将肝组织研磨成肝匀浆。再加入 0.9%氯化钠溶液，使肝匀浆总体积达 10 mL。

2. 酮体的生成

（1）取锥形瓶两只，按表 3-1 编号后，分别加入各试剂。

表 3-1 酮体的生成操作

锥形瓶编号	A	B
新鲜肝匀浆体积/mL	—	2.0
预先煮沸肝匀浆体积/mL	2.0	—
pH 7.6 磷酸缓冲液体积/mL	3.0	3.0
正丁酸溶液体积/mL	2.0	2.0

（2）将加入试剂的两只锥形瓶于 43 °C 恒温水浴锅中保温 40 min 后取出。

（3）于上述两锥形瓶中分别加入 20%三氯醋酸 3 mL，摇匀后，室温放置 10 min。

（4）将锥形瓶中的混合物分别过滤，收集滤液于事先如上编号的试管中。

3. 酮体的测定

（1）取碘量瓶两只，按表 3-2 编号后加入有关试剂。加完试剂后摇匀，放置 10 min。

表 3-2　酮体的测定操作

碘量瓶编号	A	B
无蛋白溶液体积/mL	5.0	5.0
0.1 mol/L 碘液体积/mL	3.0	3.0
10% NaOH 体积/mL	3.0	3.0

（2）于各碘量瓶中滴加 10% HCl 溶液 3 mL，使各瓶溶液中和至中性或微酸性。

（3）用 0.02 mol/L $Na_2S_2O_3$ 滴定至碘量瓶中溶液呈浅黄色时，往瓶中滴加数滴 0.1%淀粉溶液 2 ~ 3 滴，使瓶中溶液呈蓝色。

（4）用 0.02 mol/L $Na_2S_2O_3$ 继续滴定至碘量瓶中溶液的蓝色消褪为止。

（5）记下滴定时所用的 $Na_2S_2O_3$ 溶液的体积，计算样品中丙酮的生成量。

【实验结果】

实验中所用肝匀浆中生成的丙酮量（mmol）$=(V_A-V_B)\times c\times 1/6$

$$肝脏生成丙酮的量（mmol/g）=(V_A-V_B)\times c\times \frac{1}{6}\times 2$$

式中　V_A——滴定 A 样品所消耗的 0.02 mol/L $Na_2S_2O_3$ 溶液的体积，mL；

V_B——滴定 B 样品所消耗的 0.02 mol/L $Na_2S_2O_3$ 溶液的体积，mL；

c——$Na_2S_2O_3$ 的浓度，mol/L。

【思考题】

（1）为什么说做好本实验的关键是制备新鲜的肝糜？

（2）什么叫酮体？为什么正常代谢时产生的酮体量很少？在什么情况下血中酮体含量增高，而尿中也能出现酮体？

（3）为什么测定碘仿反应中剩余的碘可以计算出样品中丙酮的含量？

（4）实验中三氯乙酸起什么作用？

【注意事项】

（1）在低温下制备新鲜的肝糜，以保证酶的活性。

（2）加 HCl 溶液后即有 I_2 析出，I_2 会升华，所以要尽快进行滴定，滴定的速度是前快后慢，当溶液变浅黄色后，加入指示剂就要慢慢一滴一滴地滴。

（3）滴定时淀粉指示剂不能太早加入，只有当被滴定液变浅黄色时加入最好，否则将影响终点的观察和滴点结果。

实验 49　生物组织中丙酮酸含量的测定

【实验目的】

丙酮酸是一种重要的中间代谢物。通过本实验掌握测定植物组织中丙酮酸含量的原理和方法，增加对代谢的感性认识。

【实验原理】

植物样品组织液用三氯乙酸除去蛋白质后，其中所含的丙酮酸可与 2, 4-二硝基苯肼反应，生成丙酮酸-2, 4-二硝基苯腙，后者在碱性溶液中呈樱红色，其颜色深度可用分光光度计测量。与同样处理的丙酮酸标准曲线进行比较，即可求得样品中丙酮酸的含量。

【实验材料与试剂】

1. 材　料

大葱、洋葱或大蒜的鳞茎。

2. 试　剂

（1）氢氧化钠溶液（1.5 mol/L）：

称取 60 g 氢氧化钠，溶于蒸馏水中，并定容至 1000 mL。

（2）三氯乙酸溶液（8%）：

称取 8 g 三氯乙酸，溶于蒸馏水中，并定容至 1000 mL。当日配制置冰箱中备用。

（3）0.1% 2，4-二硝基苯肼溶液：

称取 2, 4-二硝基苯肼 100 mg，溶于 2 mol/L 盐酸，并定容至 100 mL。盛入棕色试剂瓶，保存于冰箱内。

（4）60 μg/mL 丙酮酸标准液：

精确称取 7.5 mg 丙酮酸钠，用 8%三氯乙酸溶解并定容至 100 mL。保存于冰箱内。

【实验仪器】

分光光度计、离心机（4000 r/min）、容量瓶（25 mL）、研钵、具塞刻度试管（15 mL）、刻度吸管（1 mL、5 mL）、电子天平。

【实验内容】

1. 丙酮酸标准曲线的制作

取 6 支试管，按表 3-3 加入试剂。然后，在各管中分别加入 1.0 mL 0.1%的 2, 4-二硝基苯肼液，摇匀，再加入 5 mL 1.5 mol/L 氢氧化钠溶液，摇匀显色，在 520 nm 波长下比色。绘制标准曲线。

表 3-3 丙酮酸标准曲线的制作

管 号	1	2	3	4	5	6
丙酮酸标准液体积/mL	0	0.2	0.4	0.6	0.8	1.0
8% 三氯乙酸体积/mL	3.0	2.8	2.6	2.4	2.2	2.0
丙酮酸含量/μg	0	12	24	36	48	60

2. 植物材料提取液的制备

称取 1 g 植物材料（大葱、洋葱或大蒜）于研钵内，加适量 8%三氯乙酸，仔细研成匀浆，再用 8%三氯乙酸洗入 25 mL 容量瓶，定容至刻度。塞紧瓶塞，振摇提取，静置 30 min。取约 10 mL 匀浆液 4000 r/min 离心 10 min，上清液备用。

3. 组织液中丙酮酸的测定

取 1.0 mL 上清液于一刻度试管中，加 2 mL 8%三氯乙酸，加 1.0 mL 0.1% 2, 4-二硝基苯肼液，摇匀，再加 5.0 mL 1.5 mol/L 氢氧化钠溶液，摇匀显色，在 520 nm 波长下比色，记录吸光度，在标准曲线拟合方程计算测定管内的丙酮酸含量。

【实验结果】

通过下式计算样品中丙酮酸含量 C（mg/g 鲜重）：

$$C = \frac{A \times N}{m \times 1000}$$

式中　A——通过标准曲线拟合方程计算得到的丙酮酸的量，μg；

N——稀释倍数；

m——样品鲜重，g。

【思考题】

测定丙酮酸含量的基本原理是什么？

【注意事项】

（1）所加试剂的顺序不可颠倒，先加丙酮酸标准液或待测液，再加 8%三氯乙酸，最后加 1.5 mol/ L 氢氧化钠溶液。

（2）反应 10 min 后再比色。

（3）标准曲线的各点应分布均匀，范围适中。

实验 50 味精中谷氨酸钠的测定（甲醛滴定法）

【实验目的】

（1）掌握利用甲醛滴定法测定味精中谷氨酸钠的原理和方法。
（2）了解测定谷氨酸钠的意义。

【实验原理】

谷氨酸钠是味精的主要成分，也是评定味精等级的主要指标。利用氨基酸的两性作用，加入甲醛以固定氨基的碱性，使羧基显示出酸性，用氢氧化钠标准溶液滴定后定量，以酸度计测定终点。

【实验材料与试剂】

1. 材　料

味精。

2. 试　剂

（1）甲醛。
（2）氢氧化钠标准溶液（0.05 mol/L）：
准确称取 0.2 g 氢氧化钠，加适量水溶解，定容于 100 mL 容量瓶中。

【实验仪器】

电子天平、磁力搅拌器、容量瓶（100 mL）、烧杯（200 mL）、量筒（100 mL）、移液管（10 mL）、酸度计、碱式滴定管。

【实验内容】

（1）称取 0.5 g 样品于 200 mL 烧杯中，加入蒸馏水 60 mL 溶解。

（2）用 0.05 mol/L 氢氧化钠标准溶液滴定至酸度计指示 pH 8.2。

（3）加入 10 mL 甲醛，开动磁力搅拌器，混匀。

（4）用 0.05 mol/L 氢氧化钠标准溶液滴定至 pH 9.6，记录加入甲醛后消耗的 0.05 mol/L 氢氧化钠标准溶液体积，同时做试剂空白实验。

【实验结果】

味精中谷氨酸钠含量通过下列公式计算：

$$w = \frac{c \times (V - V_0) \times M}{m} \times 100\%$$

式中　c——氢氧化钠标准溶液的浓度，mol/L；

V——加入甲醛后样品液消耗氢氧化钠标准溶液的体积，mL；

V_0——加入甲醛后空白试剂消耗氢氧化钠标准溶液的体积，mL；

m——样品质量，g；

M——谷氨酸钠的摩尔质量，无结晶水时为 0.169，具有 1 分子结晶水时为 0.187，kg/mol。

【思考题】

对比测定谷氨酸钠几种方法的优缺点。

【注意事项】

测定所得数据与甲醛试剂关系很大，在检验过程中空白试验尤其重要。

第四章

综合实验

实验 51 蔗糖酶的提取与部分纯化

【实验目的】

学习酶的提取和纯化方法，掌握各步骤的实验原理，并为后续实验提供一定量的蔗糖酶。

【实验原理】

酶的分离制备在酶学以及生物大分子的结构、功能研究中有重要意义。本实验属综合性实验，接近研究性实验，包括 8 个连续的实验内容，通过对蔗糖酶的提纯和性质测定，了解酶的基本研究过程；同时掌握各种生化技术的实验原理、基本操作方法。本实验技术多样化，并且多个知识点互相联系，实验内容逐步加深，构成了一个综合性整体，为学生提供一个较全面的实践机会，学习如何提取纯化、分析鉴定一种酶，并对这种酶的性质，尤其是动力学性质进行初步的研究。

蔗糖酶（invertase）（β-D-呋喃果糖苷果糖水解酶，fructofuranoside fructohydrolase）特异地催化非还原糖中的α-呋喃果糖苷键水解，具有相对专一性。不仅能催化蔗糖水解生成葡萄糖和果糖，也能催化棉籽糖水解，生成密二糖和果糖。每水解 1 mol 蔗糖，生成 2 mol 还原糖（反应方程式如下）。还原糖的测定有多种方法，本实验采用 Nelson 比色法测定还原糖量，由此可得知蔗糖水解的速率。

在研究酶的性质、作用、反应动力学等问题时，都需要使用高度纯化的酶制剂以避免干扰。酶的提纯工作往往要求多种分离方法交替应用，才能得到较为满足的效果。常用的提纯方法有盐析、有机溶剂沉淀、选择性变性、离子交换层析、凝胶过滤、亲和层析等。酶蛋白在分离提纯过程中易变性失活，为能获得尽可能高的产率和纯度，在提纯操作中要始终注意保持酶的活性，如在低温下操作等，这样才能收到较好的分离效果。啤酒酵母中，蔗糖酶含量丰富。本实验用新鲜啤酒酵母为原料，通过破碎细胞、热处理、乙醇沉淀、柱层析等步骤提取蔗糖酶，并对其性质进行测定。

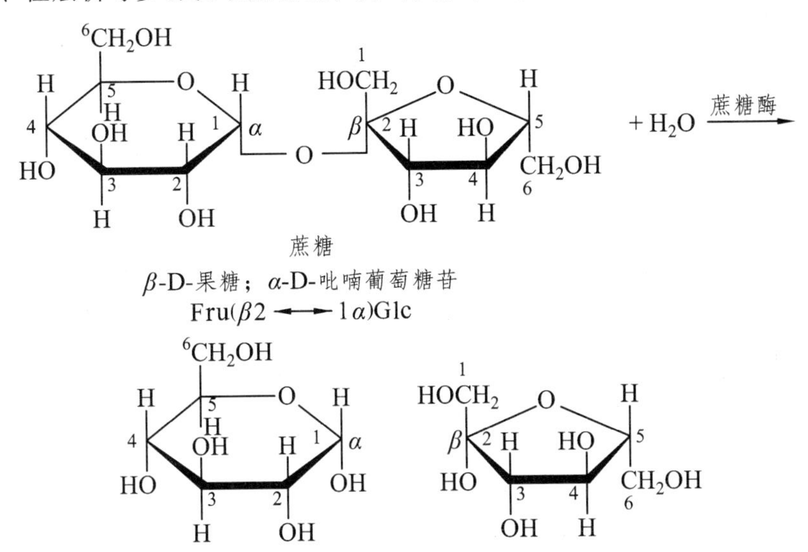

蔗糖

β-D-果糖；α-D-吡喃葡萄糖苷

Fru(β2 ⟷ 1α)Glc

【实验材料与试剂】

1. 材　料

市售鲜啤酒酵母（低温保存）。

2. 试　剂

（1）石英砂（海砂）。

（2）甲苯（使用前预冷到 0 °C 以下）。

（3）95%乙醇（预冷-20 °C）。

（4）去离子水（使用前冷至 4 °C 左右）。

（5）Tris-HCl（pH 7.3）缓冲液。

【实验仪器】

高速冷冻离心机、恒温水浴箱、冰箱（-20 °C）、电子天平、研钵（> 200 mL）、制冰机、烧杯（50 mL）、离心管（2 mL，10 mL，30 mL，50 mL）、

移液器（1000 μL）或滴管、量筒。

【实验内容】

1. 提　取

（1）将市售鲜啤酒酵母 2000 r/mim，离心 10 min，除去大量水分。

（2）将研钵稳妥放入冰浴中。

（3）称取 50 g 鲜啤酒酵母，加 30 g 石英砂放入研钵中，加 50 mL 预冷的甲苯（边研边加）或预冷的去离子水，在研钵内研磨成糊状，然后每次缓慢加入预冷的 10 mL 去离子水，边加边研磨以便将蔗糖酶充分转入水相。共加 75 mL 去离子水，研磨 40 ~ 60 min，使其成糊状液体（注：研磨时可用显微镜检查研磨的效果，至酵母细胞大部分研碎）。

（4）将混合物转入 50 mL（或分装入 2 个 30 mL）离心管中，平衡后，用高速冷冻离心机离心（4 °C，15 000 r/min，15 min）。

观察结果：如果中间白色的脂肪层厚，说明研磨效果良好。

（5）用移液器（或滴管）吸出上层有机相（弃掉）。

（6）用移液器小心地取出脂肪层下面的水相液转入量筒，量出体积，并记录。

（7）取出 2 mL 放入 2 mL 离心管中（标记为粗级分 I，−20 °C 下保存），用于测定酶活力及蛋白含量。剩余部分转入清洁的小烧杯中。

2. 热处理

（1）将盛有粗级分 I 的小烧杯迅速地放入 50°C 恒温水浴中，保持 30 min，并用玻璃棒温和搅动。

（2）取出小烧杯，迅速用冰浴冷却，转入清洁的离心管中（根据量大小选择离心管），4 °C，15 000 r/min，离心 15 min。

（3）将上清液转入量筒，量出体积，并记录。

（4）取出 2 mL 放入 2 mL 离心管中（标记为热级分 II，−20 °C 下保存），用于测定酶活力及蛋白含量。剩余部分转入清洁的小烧杯中。

3. 乙醇沉淀

（1）将盛有热处理后的上清液放入小烧杯，在冰浴下逐滴加入预冷的等体积（逐滴加入）95%乙醇，温和搅拌、放置，需 1 h。

（2）转入清洁的离心管中，4 °C，15 000 r/min，离心 15 min，倾去上清，

并滴干。

（3）离心管中沉淀用 5 ~ 8 mL Tris-HCl（pH 7.3）缓冲液充分溶解（若溶液浑浊，则用离心管，4000 r/min 离心，除去不溶物），转入量筒，量出体积，并记录。

（4）取出 2 mL 放入 2 mL 离心管中（标记为醇级分Ⅲ，−20 °C 下保存），用于测定酶活力及蛋白含量。剩余部分转入清洁的小烧杯中，用于下一步实验（注：离心管中沉淀也可盖上盖子或薄膜封口，然后将其放入冰箱中冷冻保存，用时再处理）。

【实验结果】

记录实验结果，并加以解释，若有异常现象出现，可进行分析讨论。

实验 52　DEAE-纤维素层析纯化蔗糖酶

【实验目的】

学会离子交换柱层析法纯化蛋白的方法，掌握各步骤的实验原理，并为后续实验提供一定量的蔗糖酶。

【实验原理】

（略）

【实验材料与试剂】

（1）0.05 mol/L Tris-HCl 缓冲液（pH 7.3）。

（2）0.5 mol/L NaOH。

（3）0.5 mol/L HCl。

（4）含 100 mmol/L NaCl 的 0.05 mol/L Tris-HCl（pH 7.3）溶液。

（5）DEAE-纤维素。

（6）2%蔗糖溶液。

（7）Benedict 试剂：

称取柠檬酸钠 173 g 及一水合碳酸钠（$Na_2CO_3 \cdot H_2O$）100 g，加入 600 mL 蒸馏水中，加热使其溶解，冷却，稀释 850 mL。另称取 17.3 g 硫酸铜，溶解于 100 mL 热蒸馏水中，冷却，稀释至 150 mL。最后，将硫酸铜溶液徐徐地加入柠檬酸-碳酸钠溶液中，边加边搅拌，混匀，如有沉淀，过滤后贮于试剂瓶中。可长期使用。

【实验仪器】

核酸蛋白检测仪、自动部分收集器、蠕动泵、层析柱、梯度混合器、滴管、真空泵或抽滤瓶、烧杯。

【实验内容】

1. 离子交换剂的处理

（1）称取 6 g DEAE-纤维素（DE-23）干粉，加水浸 24 h 抽干（真空泵或抽滤瓶）后放入小烧杯中。

（2）加入 0.5 mol/L NaOH 溶液（约 50 mL），轻轻搅拌，浸泡 0.5 h 后抽干，用去离子水洗至近中性，抽干后放入小烧杯中。

（3）加 50 mL 0.5 mol/L HCl，搅匀，浸泡 0.5 h 后抽干，用去离子水洗至近中性，放入小烧杯中。

（4）用 0.5 mol/L NaOH 重复处理一次，用去离子水洗至近中性后，抽干备用。

本实验可直接用 0.5 mol/L NaOH 浸泡 1 h，抽干水洗至中性。

因 DEAE 纤维素昂贵，用后务必回收。按“碱→酸”的顺序洗即可，因为酸洗后较容易用水洗至中性。碱洗时因过滤困难，可以先浮选除去细颗粒，抽干后用 0.5 mol/L NaOH 溶液处理，然后水洗至中性备用。

2. 装柱与平衡

（1）先将层析柱垂直装好，用滴管吸取烧杯底部大颗粒的纤维素装柱（装量为柱长的 2/3 或离柱顶端 3 ~ 4 cm，柱内纤维素要均匀，不要出气泡）。

（2）用 0.05 mol/L pH 7.3 Tris-HCl 起始缓冲液平衡（约 100 mL 流出液即可），以流出液 pH 与缓冲液一致为准。

3. 上样与洗脱

（1）将剩余小烧杯中的醇级分Ⅲ用滴管取 1.5 mL，小心地沿柱壁加到层析柱中，不要扰动柱床（注意上样量：分析用量一般为床体积的 1% ~ 2%，制备用量一般为床体积的 20% ~ 30%）。

（2）用滴管小心地沿柱壁加入起始缓冲液约 5 mL。

（3）用 0.05 mol/L pH 7.3 的 Tris-HCl 缓冲液进行 NaCl（0 ~ 100 mmol/L）线性梯度洗脱。

层析柱联上梯度混合器，混合器中为 50 mL 0.05 mol/L pH 7.3 的 Tris- HCl 缓冲液，其中含 100 mmol/L NaCl。洗脱流速为 0.5 ~ 1 mL/min，使用部分收集器连续收集洗脱液，每管接收 4 mL。记录每管 A_{280}。至混合器中液体流完为止。

（4）每隔 4 管（或取 A_{280} 值高的几个峰值）做酶活力的定性测定，确定活性最高的几管合并（约 20 mL 即可），转入量筒，量出体积，并记录。

（5）取出 2 mL 放入 2 mL 离心管中（标记为柱级分Ⅳ，-20 °C 下保存），用于测定酶活力及蛋白含量。剩余部分用于下一步实验（标记为柱级分Ⅳ）。

蔗糖酶活力的定性测定方法：取 1 干净试管，加入 2%蔗糖溶液 1.5 mL、蔗糖酶溶液 0.5 mL，37 °C 恒温水浴保温 15 min 后，加入 Benedict 试剂 1 mL，沸水浴 2 ~ 3 min。观察橘红色沉淀的多少。

【实验结果】

记录实验结果，并加以解释。若有异常现象出现，可进行分析讨论。

实验 53　蔗糖酶活性及蛋白质浓度的测定

【实验目的】

学会用考马斯亮蓝结合法测定蛋白质浓度，用 Nelson 方法测定酶活力。掌握各步骤的实验原理和方法。

【实验原理】

本实验以 Nelson 方法测定酶活力，其原理是还原糖含有自由醛基或酮基，在碱性溶液中将 Cu^{2+}还原成氧化亚铜，糖本身被氧化成羟基酸。砷钼酸试剂与氧化亚铜生成蓝色溶液，在 510 nm 下有正比于还原糖的吸收，从而可确定酶的活力。测定范围：25 ~ 200 μg。

本实验用考马斯亮蓝结合法测定蛋白浓度，考马斯亮蓝能与蛋白质的疏水微区相结合，这种结合具有高敏感性。考马斯亮蓝 G-250 的磷酸溶液呈棕红色，最大吸收峰在 465 nm。当它与蛋白质结合形成复合物时呈蓝色，其最大吸收峰改变为 595 nm，考马斯亮蓝 G-250-蛋白质复合物的高消光效应导致了蛋白质定量测定的高敏感度。在一定范围内，考马斯亮蓝 G-250-蛋白复合物呈色后，在 595 nm 下，吸光度与蛋白质含量呈线性关系，故可以用于蛋白质浓度的测定。

【实验材料与试剂】

（1）考马斯亮蓝（G-250）染液（0.01%）：

称取 0.1 g 考马斯亮蓝 G-250，溶于 50 mL95%乙醇中，再加入 100 mL 浓磷酸（市售质量分数为 85%），然后加蒸馏水定容至 1000 mL。

（2）0.9% NaCl 溶液。

（3）牛血清标准蛋白液（0.1 mg/mL）：

准确称取牛血清蛋白 0.1 g，用 0.9% NaCl 溶液溶解并稀释至 1000 mL。

（4）4 mmol/L 葡萄糖、4 mmol/L 蔗糖、0.5 mmol/L 蔗糖。

（5）0.2 mol/L 乙酸缓冲溶液（pH 4.5）：

① 0.2 mol/L NaAc：称取 27.616 g NaAc，溶解并定容至 1000 mL。

② 0.2 mol/L HAc：100 mL 乙酸（分析纯）定容至 500 mL。

③ 将两者分别取 315 mL、185 mL 混合，用强碱调 pH 到 4.5。

（6）Nelson 试剂：

A 试剂：100 mL 溶剂中含 Na_2CO_3 2.5 g、$NaHCO_3$ 2.0 g、酒石酸钾钠（酒石酸钠）2.5 g、Na_2SO_4 20 g。

B 试剂：100 mL 溶剂中含 $CuSO_4 \cdot 5H_2O$ 15 g、浓 H_2SO_4 2 滴。

以 V(A)∶V(B) = 50∶2 比例混合即可使用，使用前需在 37 °C 以上溶解，防止溶质析出。

（7）砷钼酸试剂：

100 mL 中含钼酸铵 5 g、浓 H_2SO_4 4.2 mL、砷酸钠 0.6 g（砷酸钠有毒，实验中注意）。

【实验仪器】

分光光度计、电子分析天平、恒温水浴箱、量筒、容量瓶、移液器、试管。

【实验内容】

1. 各级分蛋白质浓度测定

（1）蛋白质浓度测定——标准曲线的绘制

取 7 支干净试管，按表 4-1 编号并加入试剂混匀。以吸光度平均值为纵坐标，各管蛋白含量作为横坐标作图，得标准曲线（或将数据代入线性回归方程，求出 Y 和 r）。

（2）各级分蛋白浓度的测定

取 9 支干净试管，每级分做两管，按表 4-2 编号并加入试剂混匀。读取吸光度值。以各级分的吸光度的平均值查标准曲线即可求出蛋白质含量。各级分应进行一定倍数的稀释，先试做，选其吸光度值在标准曲线内，即蛋白含量应在 10 ~ 80 μg 的稀释度为宜。

表 4-1 考马斯亮蓝法测定蛋白质浓度——标准曲线的绘制

编　号	0	1	2	3	4	5	6
标准蛋白液体积/mL	—	0.1	0.2	0.3	0.4	0.5	0.6
0.9% NaCl 体积/mL	1.0	0.9	0.8	0.7	0.6	0.5	0.4
考马斯亮蓝体积/mL	4	4	4	4	4	4	4
蛋白含量/μg	0	10	20	30	40	50	60
	室温静置 5 min						
A_{595}							

表 4-2　各级分蛋白浓度的测定

编　号	1		2		3		4	
粗级分Ⅰ体积/ mL								
热级分Ⅱ体积/ mL								
醇级分Ⅲ体积/ mL								
柱级分Ⅳ体积/ mL								
0.9% NaCl 体积/mL								
考马斯亮蓝体积/mL	4	4	4	4	4	4	4	4
蛋白含量/μg	各级分应进行一定倍数的稀释，先试做，选其吸光度值在标准曲线内，即蛋白含量应在 10～80 μg 的稀释度为宜							
	室温静置 5 min							
A_{595}								
A_{595} 平均值								
各级分蛋白浓度/（mg/mL）								

2. 各级分蔗糖酶活性的测定

（1）蔗糖酶活性的测定——标准曲线的制作

取 9 支试管，按表 4-3 加样。以吸光度值（OD）为纵坐标，以还原糖（葡萄糖含量，μmol）作为横坐标作图，得标准曲线（或将数据代入线性回归方程，求出 Y 和 r）。

表 4-3 蔗糖酶活性的测定——标准曲线的制作

编号	0	1	2	3	4	5	6	7	8
4 mmol/L 葡萄糖体积/mL	—	0.02	0.05	0.10	0.15	0.20	0.25	0.30	—
4 mmol/L 蔗糖体积/mL	—	—	—	—	—	—	—	—	0.2
蒸馏水体积/mL	1	0.98	0.95	0.90	0.85	0.80	0.75	0.70	0.80
葡萄糖量/μmol	0	0.08	0.2	0.4	0.6	0.8	1	1.2	
Nelson 试剂	向每管中加入 1 mL Nelson 试剂，盖上塞子，置于沸水浴中 20 min，再冷至室温[在碱性条件下糖被氧化，将 Cu^{2+}还原成氧化亚铜（Cu_2O）]								
砷钼酸试剂	向每个管中加入 1 mL 砷钼酸试剂，5 min（砷钼酸试剂与氧化亚铜生成蓝色溶液）								
蒸馏水体积/mL	向每个管中加入 7 mL 蒸馏水，充分混匀								
A_{510}									

（2）各级分蔗糖酶活性测定

取 9 支干净试管，分两组，按表 4-4 编号并加入试剂混匀。各级分酶液应进行一定倍数的稀释，先试做，选其吸光度值在标准曲线内，即还原糖含量应在 0.08 ~ 1.2 μmol 的稀释度为宜。读取吸光度值。以各级分的吸光度的平均值查标准曲线即可求出蛋白质含量。

表 4-4 各级分蔗糖酶活性测定

样品	空白	粗级分Ⅰ		热级分Ⅱ		醇级分Ⅲ		柱级分Ⅳ	
编号	0	1	2	1	2	1	2	1	2
乙酸缓冲液体积/mL	0.2	0.2	0.2	0.2	0.2	0.2	0.2	0.2	0.2
蒸馏水体积/mL	0.6								
0.5 mol/L 蔗糖体积/mL	0.2	0.2	0.2	0.2	0.2	0.2	0.2	0.2	0.2
各级分酶液体积/mL	—								
室温时间/min	10 min								
Nelson 试剂	向每管中加入 1 mL Nelson 试剂，盖上塞子，置于沸水浴中 20 min 后冷至室温								
砷钼酸试剂	向每个管中加入 1 mL 砷钼酸试剂，5 min								
蒸馏水体积/mL	向每个管中加入 7 mL 蒸馏水，充分混匀								
1 A_{510}	0								
2 A_{510}	0								
A_{510} 平均值	0								

（3）活力和比活力的计算

活力单位（U）：酶在室温，pH = 4.5 条件下，每分钟水解产生 1 μmol 葡萄糖所需酶量。

根据测得结果，计算出各步数据，填入表 4-5。

表 4-5　蔗糖酶活力

各级分样液	体积/mL	蛋白含量/（mg/mL）	总蛋白含量/mg	活力/U	总活力/U	比活力/（U/mg）	提纯倍数	回收率
粗级分Ⅰ								
热级分Ⅱ								
醇级分Ⅲ								
柱级分Ⅳ								

【实验结果】

记录实验结果，并加以解释。若有异常现象出现，可进行分析讨论。

实验 54 蔗糖酶纯度测定

【实验目的】

学会操作步骤，掌握实验原理，能够分析实验结果。

【实验原理】

（略）

【实验材料与试剂】

（1）凝胶贮备液：

丙烯酰胺（Acr）29.2 g、亚甲基双丙烯酰胺（Bis）0.8 g，加蒸馏水至 100 mL，外包锡纸，4 °C 冰箱保存，30 d 内使用。

（2）凝胶缓冲液（1.5 mol/L Tris-HCl，pH 8.8）：

18.15 g Tris（三羟甲基氨基甲烷），加约 80 mL 蒸馏水，用 1 mol/L HCl 调 pH 到 8.8，用蒸馏水稀释至最终体积为 100 mL。4 °C 冰箱保存。

（3）电极缓冲液（5 × TBE）：

使用 1 × TBE。

（4）过硫酸铵（10%）：

称取 10 g 过硫酸铵，溶于适量蒸馏水中，然后定容至 100 mL。此溶液需临用前配制。

（5）溴酚蓝溶液：

5 mL 50%甘油 + 5 mL 电极液 + 数滴溴酚蓝。

（6）染色液：

0.25 g 考马斯亮蓝 R-250，加入 91 mL 50%甲醇、9 mL 冰醋酸。

（7）脱色液：

50 mL 甲醇、75 mL 冰醋酸与 875 mL 蒸馏水混合。

【实验仪器】

电泳仪、电泳槽、微量取样器、染脱色装置。

【实验内容】

1. 8%凝胶的配制、灌胶、上样

（1）8% PAGE 凝胶：

取蒸馏水 4.8 mL、30%丙烯酰胺 2.66 mL、凝胶缓冲液 2.5 mL、TEMED 5 μL、10%Ap 50 μL，混匀，制成 10 mL 8% PAGE 凝胶。

（2）用滴管吸取凝胶，在电泳槽的两玻璃板之间灌注后插入梳子，待凝胶聚合后，将梳子取出。

（3）将各步留液（Ⅰ、Ⅱ、Ⅲ、Ⅳ）稀释成 1 ~ 2 mg/mL 蛋白，上样量 20 μL（蛋白稀释液与溴酚蓝溶液 1∶1 混合上样）。每级分酶液样占一个泳道（注：若酶液蛋白浓度低，可增加上样量）。

2. 电　泳

接上电泳仪，上样端接电源的负极，打开电泳仪电源开关，调电压 80 V，30 min 后加大到 120 V，待蓝色的溴酚蓝条带迁移至距凝胶下端约 1 cm 时，停止电泳。

3. 剥胶、染色与脱色

小心将胶取出，置于染脱色装置中，染色 30 min，脱色 30 min 后更换一次脱色液，直至背景清晰。

【实验结果】

绘出凝胶电泳图谱，分析各步纯化后酶的纯度情况。

实验 55　蔗糖酶 K_m 值测定及脲的抑制作用

【实验目的】

（1）了解米氏常数的意义，学会测定蔗糖酶米氏常数的方法。

（2）了解底物浓度和抑制剂对反应速度的影响，掌握确定抑制类型的方法。

【实验原理】

酶促动力学研究酶促反应的速度及影响速度的各种因素，而米氏常数 K_m 值等于酶促反应速度为最大速度的一半时所对应的底物浓度，其数值大小与酶的浓度无关，是酶促反应的特性常数。不同酶的 K_m 值不同，同一种酶在与不同的底物反应时，其 K_m 值也不同。K_m 反映了酶和底物亲和能力的强弱程度。大多数纯酶的 K_m 值 0.01 ~ 100 mmol/L。

酶的活力可以被某些物质激活或抑制，凡能降低酶的活性甚至使酶失活的物质，称为酶的抑制剂。酶的活力抑制有可逆抑制和不可逆抑制两种。而可逆的抑制又包括竞争性抑制、非竞争性抑制等类型。在有抑制剂存在的条件下，酶的一些动力学性质发生改变，如 K_m（图 4-1，图中纵轴交点为 $1/V_{max}$，横轴交点为 $-1/K_m$）。

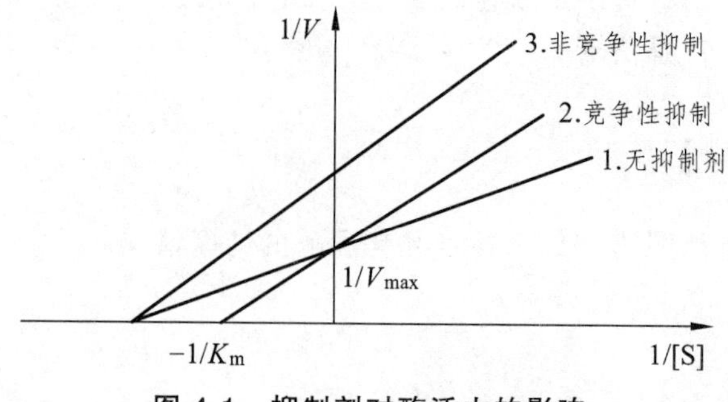

图 4-1　抑制剂对酶活力的影响

本实验以米氏公式：

$$V = \frac{V_{max}[S]}{K_m + [S]}$$

利用双倒数法作图（$1/V$ 对 $1/[S]$），实验推导得出 K_m，并推导出抑制类型、V_{max} 等，通过实验的方法，可以确定抑制类型。

【实验材料及试剂】

（1）0.2 mol/L 乙酸缓冲液。
（2）0.5 mol/L 蔗糖溶液。
（3）8 mol/L 脲。
（4）Nelson 试剂（每组 30 mL）。
（5）砷钼酸试剂（每组 30 mL）。

【实验仪器】

分光光度计、电子分析天平、恒温水浴箱、量筒、容量瓶、移液器、试管。

【实验内容】

1. K_m 值的测定

（1）时间作用曲线

取 11 支试管，按表 4-6 加样操作。以时间为横坐标，以产物量为纵坐标，制作时间作用曲线。

酶液的稀释倍数以测定酶活力时得出的稀释倍数为准。

表 4-6 时间作用曲线的绘制

编号	0	1	2	3	4	5	6	7	8	9	10
0.2 mol/L 乙酸缓冲液	向各管中加 0.2 mL										
0.5 mol/L 蔗糖	向各管中加 0.1 mL										
蒸馏水	向各管中加 0.6 mL										

续表

编号	0	1	2	3	4	5	6	7	8	9	10
酶液（稀释的Ⅳ）	0管不加作空白，其余各管中加0.1 mL										
保温时间/min	0	1	2	3	4	8	10	12	15	20	25
Nelson试剂	向各管加入Nelson试剂1 mL，置沸水浴中20 min，再冷至室温										
砷钼酸试剂	向各管中加1 mL砷钼酸试剂，5 min										
蒸馏水	向各管中加7 mL水，充分混匀										
A_{510}	0										

（2）底物浓度的影响

取9支试管编号，按表4-7加样操作。以1/[S]对1/V作图，求K_m值。

表4-7　酵母蔗糖酶K_m值的测定

编号	0	1	2	3	4	5	6	7	8
0.2 mol/L乙酸缓冲液	向各管中加0.2 mL								
0.5 mol/L蔗糖体积/mL	0.2	—	0.02	0.04	0.06	0.08	0.1	0.2	0.4
蒸馏水/mL	0.4	0.6	0.58	0.56	0.54	0.52	0.5	0.4	0.2
酶液（稀释的Ⅳ）	0管不加作空白，其余各管中加0.2 mL								
保温时间/min	室温放置10 min								
Nelson试剂	向各管加入Nelson试剂1 mL，置沸水浴中20 min，再冷至室温								
砷钼酸试剂	向各管中加1 mL砷钼酸试剂，5 min								
蒸馏水	向各管中加7 mL水，充分混匀								
A_{510}	0								

2. 脲的抑制

取9支试管，按表4-8加样操作（做两组，求平均）。以1/[S]对1/V作图，与底物影响的双倒数图对照比较，推出抑制类型。

表 4-8 脲对蔗糖酶的抑制类型测定

编号	0	1	2	3	4	5	6	7	8
0.2 mol/L 乙酸缓冲液	向各管中加 0.2 mL								
0.5 mol/L 蔗糖体积/mL	0.2	—	0.02	0.04	0.06	0.08	0.1	0.2	0.4
8 mol/L 脲	0.2	向各管中加 0.15 mL							
蒸馏水体积/mL	0.4	0.45	0.43	0.41	0.39	0.37	0.35	0.25	0.05
酶液（稀释的Ⅳ）	0 管不加作空白，其余各管中加 0.2 mL								
保温时间/min	室温放置 10 min								
Nelson 试剂	向各管加入 Nelson 试剂 1 mL，置沸水浴中 20 min，再冷至室温								
砷钼酸试剂	向各管中加 1 mL 砷钼酸试剂，5 min								
蒸馏水	向各管中加 7 mL 水，充分混匀								
A_{510}	0								

【实验结果】

（1）确定酵母蔗糖酶 K_m 值。

（2）确定脲的抑制类型。

实验 56　果蔬中原花色素的提取、纯化与测定

【实验目的】

（1）了解原花色素及其分离提纯的常用方法。

（2）学会用乙醇抽提法提取分离花色素和比色法测定其含量。

【实验原理】

原花色素（结构如下），也称原花青素，是一类从植物中分离得到的、在热酸条件下能产生花色素的多酚化合物，它既存在于多种水果的皮、核和果肉中，如葡萄、苹果、山楂等，也存在于如黑荆树、马尾松、思茅松、落叶松等的皮和叶中。

原花色素属于生物类黄酮，它们是由不同数量的儿茶素或表儿茶素聚合而成，最简单的原花色素是儿茶素的二聚体，此外还有三聚体、四聚体等。依据聚合度的大小，通常将二至四聚体称为低聚体，而五聚体以上的称为高聚体。从植物中提取原花色素的方法一般有两种，分别是用水抽提或用乙醇抽提。其抽提物为低聚物，称为低聚原花色素（OPC）。

原花色素

花青素

原花色素具有很强的抗氧化作用，能清除人体内过剩的自由基，提高人体的免疫力，可作为新型的抗氧化剂用于医药、保健、食品等领域。

利用低聚原花色素溶于水的特点，用热水煮沸抽提原花色素，再用大孔吸附树脂吸附、洗脱得到原花色素。

D-101 树脂是一种球状、非极性交联聚合物吸附剂，具有相当大的比表面和适当的孔径，对皂苷类、黄酮类、生物碱等物质有特殊的选择性，适用于从水溶液中提取类似性质的有机物质。

原花色素（Ⅰ）的 4 ~ 8 连接键很不稳定，易在酸作用下打开。反应过程（以二聚原花色素为例）是：在质子进攻下单元 C_8（D）生成碳正离子（Ⅱ），4 ~ 8 键裂开，下部单元形成（－）-表儿茶素（Ⅲ），上部单元成为碳正离子（Ⅳ），失去一个质子成为黄-3-烯-醇（Ⅴ），在有氧条件下失去 C_2 上的氢，被氧化成花色素（Ⅵ），反应还生成相应的醚（Ⅶ）。若采用正丁醇溶剂可防止醚的形成（如下所示）。

在一定浓度范围内，原花色素的量与光吸收值呈线性关系，利用比色法可测定样品中的原花色素含量。但盐酸-正丁醇法受原花色素的结构影响较大，对于低聚原花色素及儿茶素等单体反应不灵敏。

【实验材料与试剂】

1. 材　料

新鲜山楂。

2. 试　剂

（1）60%乙醇。

（2）95%乙醇。

（3）原花色素标准品（1.0 mg/mL）。

（4）HCl-正丁醇。

（5）2%硫酸铁铵。

（6）2.0 mol/L HCl。

【实验仪器】

烧杯、玻璃层析柱、大孔吸附树脂 D-101、具塞试管、移液枪、紫外分光光度计、水浴锅。

Ⅵ R=H（花色素）
Ⅶ R=Me,Et,Pr

【实验内容】

1. 原花色素的制备

（1）称取新鲜山楂 10.0 g，剪成块状，置入锥形瓶中，加入 40.0 mL 蒸馏水，沸水浴 30 min，间期混匀。冷却后加入 20 mL 蒸馏水，过滤（或离心），滤液备用。

（2）取一根层析柱（1.5 cm × 20 cm），洗净，竖直装好，关闭出口，加入蒸馏水约 1 cm 高，用烧杯取一定量已处理好大孔吸附树脂 D-101，搅匀，沿管内壁缓慢加入，待柱底沉积约 1 cm 高时，缓慢打开出口，积蓄装柱至高度 10 cm，液面高于树脂约 3 cm。

（3）平衡

用蒸馏水洗 2 倍柱床体积，控制流速在 1 mL/min 左右，至洗出液的 pH 呈中性。

（4）滤液上样

上样时控制流速在 2 mL/min。上完样后，先用蒸馏水洗两倍柱床体积，然后换 60%乙醇进行洗脱，控制流速在 1 mL/min。待有红色液体流出时开始收集，收集到无红色为止。

（5）将收集液用 60%乙醇定容至 50 mL，作为下次测定的样品。

2. 原花色素的测定

（1）制作标准曲线

取干净试管 7 支，按表 4-9 进行操作，以吸光度为纵坐标、各标准液浓度为横坐标作图，得标准曲线。

（2）样品含量测定

分别吸取样液 0.10 mL，0.20 mL 置于两支试管中，按表 4-9 操作。

表 4-9 原花色素测定

管号	0	1	2	3	4	5	样品 6	样品 7
OPC 标准液体积/mL	0	0.10	0.15	0.20	0.25	0.30	0.10	0.20
乙醇体积/mL	0.50	0.40	0.35	0.30	0.25	0.20	0.40	0.30
2%硫酸铁铵体积/mL	0.10	0.10	0.10	0.10	0.10	0.10	0.10	0.10

续表

管号	0	1	2	3	4	5	样品 6	样品 7
HCl-正丁醇体积/mL	3.40	3.40	3.40	3.40	3.40	3.40	3.40	3.40
沸水浴 30 min 取出，冷水冷却 15 min 后测定								
OPC 含量/μg	0	100	150	200	250	300		

【实验结果】

根据标准曲线计算得到原花色素的含量。

实验 57　果胶的提取与果胶含量的测定

一、果胶的提取

【实验目的】

了解果胶提取的方法。

【实验原理】

果胶广泛存在于水果和蔬菜中，如苹果中含量为 0.7% ~ 1.5%（以湿品计），在蔬菜中以南瓜含量最多（达 7% ~ 17%）。果胶的基本结构是以 α-1, 4 苷键连接的聚半乳糖醛酸，其中部分羧基被甲酯化，其余的羧基与钾、钠、铵离子结合成盐。

在果蔬中，尤其是未成熟的水果和皮中，果胶多数以原果胶存在，原果胶通过金属离子桥（比如 Ca^{2+}）与多聚半乳糖醛酸中的游离羧基相结合。原果胶不溶于水，故用酸水解，生成可溶性的果胶，再进行提取、脱色、沉淀、干燥，即为商品果胶。从柑橘皮中提取的果胶是高酯化度的果胶（酯化度在 70%以上）。在食品工业中常利用果胶制作果酱、果冻和糖果，在汁液类食品中作增稠剂、乳化剂。

【实验材料与试剂】

1. 材　料

桔皮、苹果等。

2. 试　剂

（1）0.25% HCl。

（2）95%乙醇（AR）。

（3）精制乙醇。

（4）乙醚。

（5）0.05 mol/L HCl。

（6）0.15%咔唑乙醇溶液。

（7）半乳糖醛酸标准液。

（8）浓硫酸（优级纯）。

【实验仪器】

分光光度计、比色管、分析天平、水浴锅、回流冷凝器、烘箱。

【实验内容】

1. 原料预处理

称取新鲜柑橘皮 20 g（或干样 8 g），用清水洗净后，放入 250 mL 容量瓶中，加水 120 mL，加热至 90 °C 保持 5 ~ 10 min，使酶失活。用水冲洗后切成 3 ~ 5 mm 的颗粒，用 50 °C 左右的热水漂洗，直至水无色、果皮无异味为止（每次漂洗必须把果皮用尼龙布挤干，再进行下一次的漂洗）。

2. 酸水解提取

将预处理过的果皮粒放入烧杯中，加约 60 mL 0.25% HCl 溶液，以浸没果皮为宜，调 pH 至 2.0 ~ 2.5，加热至 90 °C 煮 45 min，趁热用 100 目尼龙布或四层纱布过滤。

3. 脱　色

在滤液中加入 0.5% ~ 1.0%的活性炭，于 80 °C 加热 20 min，进行脱色和除异味，趁热抽滤（如抽滤困难可加入 2% ~ 4%的硅藻土作为助滤剂）。如果柑橘皮漂洗干净萃取液为清澈透明则不用脱色。

4. 沉　淀

待提取液冷却后，用稀氨水调 pH 至 3 ~ 4。在不断搅拌下加入 95%乙醇溶液，加入乙醇的量约为原体积的 1.3 倍，使酒精浓度达到 50% ~ 65%。

5. 过滤、洗涤、烘干

用尼龙布过滤（滤液可用蒸馏法回收酒精），收集果胶，并用 95%乙醇洗涤果胶 2 ~ 3 次，再于 60 ~ 70 °C 干燥果胶，即为果胶产品。

二、果胶含量的测定

【实验目的】

了解果胶含量测定的方法。

【实验原理】

果胶经水解，其产物半乳糖醛酸可在强酸环境下与咔唑试剂产生缩合反应，生成紫红色化合物，其呈色深浅与半乳糖醛酸含量成正比，由此可在波长 530 nm 下比色测定。

【实验材料与试剂】

1. 材　料

果胶提取液。

2. 试　剂

（1）精制乙醇：

取无水乙醇或 95%乙醇 1000 mL，加入锌粉 4 g、硫酸（1∶1）4 mL，在水浴中回流 10 h，用全玻璃仪器蒸馏，馏出液每 1000 mL 加锌粉和氢氧化钾各 4 g，重新蒸馏一次。

（2）0.15%咔唑乙醇溶液：

称取化学纯咔唑 0.150 g，溶解于精制乙醇中并定容到 100 mL。咔唑溶解缓慢，需加以搅拌。

（3）半乳糖醛酸标准溶液：

称取半乳糖醛酸 100 mg，溶于蒸馏水中并定容至 100 mL。用此液配制一组浓度为 10 ~ 70 μg/mL 的半乳糖醛酸标准溶液。

（4）0.05 mol/L HCl：

用小量筒取浓盐酸 4.5 mL，加水稀释至 1000 mL，混匀即得。

（5）乙醚。

（6）浓硫酸。

【实验仪器】

分光光度计、比色管。

【实验内容】

1. 标准曲线的制作

取 8 支 50 mL 比色管，各加入 12 mL 浓硫酸，置冰浴中，边冷冻边缓慢地依次加入浓度为 0、10、20、30、40、50、60、70 μg/mL 的半乳糖醛酸溶液 2 mL，充分混合后，再置冰浴中冷却。然后在沸水浴中准确加热 10 min，用流水速冷至室温，各加入 0.15%咔唑试剂 1 mL，充分混合，置室温下放置 30 min，以 0 号管为空白，在 530 nm 波长下测定吸光度，绘制标准工作曲线。

2. 样品果胶含量的测定

取果胶提取液，用水稀释到适当浓度（在标准曲线浓度范围内）。取 2 mL 稀释液于 50 mL 比色管中，按标准曲线制作方法操作，测定吸光度。对照标准曲线，求出稀释的果胶提取液中半乳糖醛酸含量（μg/mL）。

【实验结果】

果胶含量以半乳糖醛酸计，通过下式计算：

$$\text{果胶含量（以半乳糖醛酸计,\%）}=\frac{C\times V\times K}{m\times 10^6}\times 100$$

式中 C——对照标准曲线求得的果胶提取稀释液的果胶含量，μg/mL；

V——果胶提取液原液体积，mL；

K——果胶提取液稀释倍数；

m——样品质量，g；

10^6——质量单位换算系数。

【注意事项】

（1）糖分存在会干扰咔唑的呈色反应，使结果偏高，故提取果胶前需充分洗涤，以除去糖分；

（2）硫酸浓度直接关系到显色反应，应保证标准曲线、样品测定中所用硫酸浓度一致；

（3）硫酸与半乳糖醛酸混合液在加热条件下已形成呈色反应所必须的中间产物，随后与咔唑试剂反应，显色迅速、稳定。

参考文献

[1] 卞春，谢玉锋．食品生物化学实验课程教学的几点体会[J]．农产品加工（学刊），2013（4）：82-83.

[2] 钱敏，白卫东，赵文红，等．食品生物化学实验教学研究[J]．广东化工，2016，43（10）：243-244.

[3] 曹建康，姜微波，赵玉梅．果蔬采后生理生化试验指导[M]．北京：中国轻工业出版社，2007.

[4] 陈钧辉，李俊．生物化学试验[M]．5 版．北京：科学出版社，2014.

[5] 罗先群，曹献英．生物化学试验[M]．北京：化学工业出版社，2015.

[6] 郭蔼光，郭泽坤．生物化学实验技术[M]．北京：高等教育出版社，2007.

[7] 魏玉梅，潘和平．食品生物化学实验教程[M]．北京：科学出版社，2017.

[8] 韦庆益，袁尔东，任娇艳．食品生物化学实验[M]．2 版．广州：华南理工大学出版社，2017.

[9] 于国萍．食品生物化学实验[M]．北京：中国林业出版社，2012.

[10] 丁益，华子春．生物化学分析技术实验教程[M]．北京：科学出版社，2015.

[11] 王林嵩，张丽霞．生物化学实验[M]．2 版．北京：科学出版社，2013.